U0252804

数控编程基础

(中望 3D)

洪斯玮　张国强　高平生　编著

清华大学出版社

北　京

内 容 简 介

　　《数控编程基础(中望 3D)》是一本数控编程实例应用教程,采用"项目引领、任务驱动"的编排方式,任务由简至难,由浅入深。从零件的工艺分析、加工工序、编程步骤、任务实施,到最后的小结,将理论知识融入实际加工案例中,点明编程加工过程中的注意事项、细节和实际要求,步骤清晰,知识连贯,目标明确,有利于学生养成企业思维,提高职业素养。

　　全书主要包含 4 个项目 12 个任务,内容涵盖数控车削编程项目、二维编程、3 轴编程及综合实例,每个任务均来源于实际企业加工的案例,能使学生充分掌握中望软件的基本数控编程方式。本书适合用作高职高专、中专、技工院校的机械类专业的数控编程教材,或者用作各类中望编程培训班的实例教材,也可供中望编程软件的初、中级爱好者及工程技术人员参考。

图书在版编目(CIP)数据

数控编程基础: 中望 3D / 洪斯玮,张国强,高平生 编著. —北京: 清华大学出版社,2019.9
(2025.1重印)

　　ISBN 978-7-302-53809-7

　　Ⅰ. ①数… Ⅱ. ①洪… ②张… ③高… Ⅲ. ①数控机床—程序设计—高等职业教育—教材 Ⅳ. ①TG659

中国版本图书馆 CIP 数据核字(2019)第 205578 号

责任编辑: 王　军
装帧设计: 孔祥峰
责任校对: 成凤进
责任印制: 杨　艳

出版发行: 清华大学出版社
　　　　网　　　址: https://www.tup.com.cn, https://www.wqxuetang.com
　　　　地　　　址: 北京清华大学学研大厦 A 座　　　　邮　　编: 100084
　　　　社 总 机: 010-83470000　　　　邮　　购: 010-62786544
　　　　投稿与读者服务: 010-62776969, c-service@tup.tsinghua.edu.cn
　　　　质 量 反 馈: 010-62772015, zhiliang@tup.tsinghua.edu.cn
印 装 者: 北京鑫海金澳胶印有限公司
经　　销: 全国新华书店
开　　本: 185mm×260mm　　　　印　　张: 15.75　　　　字　　数: 393 千字
版　　次: 2019 年 11 月第 1 版　　　　印　　次: 2025 年 1 月第 3 次印刷
定　　价: 49.80 元

产品编号: 084080-01

前　言

随着智能制造行业的快速发展，对 CAD/CAM(计算机辅助设计与制造)软件的要求越来越高，提供一款多模块、多功能的 CAD/CAM 的国产软件显得尤为重要，而中望软件具有易学、方便、快捷的特点，二维电子图板、造型、编程、模具等模块都具有较强大的功能，特别是近些年，中望软件在各行各业均获得较广泛的应用，市场占有率稳步提高，业界掀起了学习中望软件的热潮。

本书为 CAD/CAM 工程范例系列教材之一。本书以项目式教学为编写模式，校企联合打造，以具有闽东地区特色的电机电器、健康器材产业的零配件生产为案例，针对职业教育的特点，从模具加工、产品加工的行业实际出发，注重加工过程的细节及工程应用约束条件，以快速掌握编程为目的，重点培养学员对加工参数的理解及中望 3D 编程软件的应用。

本书以中望 3D 编程软件为载体，着重介绍中望 3D 软件的编程界面、数控车床编程模块、二维编程模块及 3 轴编程模块，工程案例由简至难，层次递进，最后列举的 4 个实际工程案例使得学员可快速地入手中望 3D 软件的编程，方便教学以及工程技术人员自学与参考。

本书适用于中高职及技工院校机械类专业学生，也供非机械类专业学生拓展专业知识，培养一技之长，扩大择业转岗的范围。

本书在编写过程中得到广州中望龙腾软件股份有限公司及宁德市晨飞自动化科技有限公司的大力支持；这些公司提供了部分加工案例以及宝贵的经验和建议，在此表示衷心感谢。

由于科技发展日新月异且编者水平有限，本书难免有不足之处，望读者提出宝贵意见和建议。

编　者
2019 年 7 月

目　　录

项目一　数控车床的编程

项目描述(导读+分析)

中望 3D 软件是广州中望龙腾软件有限公司开发的面向制造业的应用软件,其中加工模块中的车削模块具有操作简单、方便快捷的特点。本项目主要通过两个任务的实施,让学员掌握中望 3D 软件的使用,掌握参数的含义,会设置加工参数,会使用中望 3D 加工策略编制合理的加工参数,最终掌握数控车削的外轮廓、螺纹及内孔的加工工艺及编程。

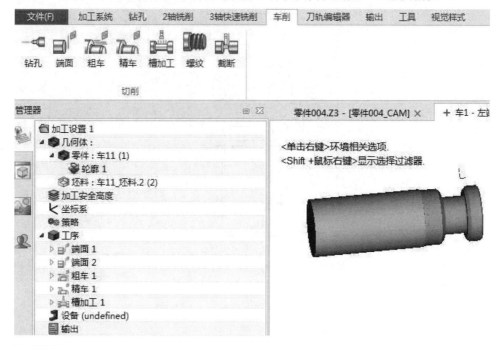

知识目标

1. 掌握中望数控车削加工编程的工艺流程、加工策略及加工参数的含义;
2. 掌握数控车刀的型号、种类、选择要领及加工注意事项;
3. 掌握数控刀具的材料与车刀结构;
4. 掌握中望 3D 软件数控车削编程界面,会使用界面的基本命令。

能力目标

1. 通过该任务的实施,具备分析数控车削加工工艺的能力;
2. 具备使用中望 3D 软件的数控车削加工策略,设置合理加工参数的能力;
3. 具备选用数控车削的合理加工刀具的能力。

任务 1.1 外轮廓与螺纹的数控车削

加工零件图如图 1.1.1 所示。

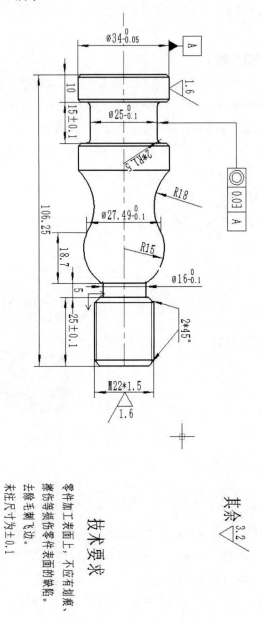

图 1.1.1 加工零件图(电子图与编程文件扫描封底二维码下载)

【任务目标】

1. 理解中望数控车削加工外圆轮廓编程的一般流程、对应参数的含义及使用;

2. 掌握数控车刀的型号、种类、选择要领及加工注意事项;

3. 掌握数控刀具的材料与车刀结构；

4. 掌握中望 3D 软件车削加工策略中的端面、外轮廓粗加工、外轮廓精加工、切槽、螺纹切削的应用；

5. 巩固主轴转速、进给速度、背吃刀量三个切削参数的基本知识；

6. 巩固螺纹加工的基本知识；

7. 掌握中望 3D 软件数控车削编程界面，会使用界面的基本命令。

【任务分析】

从任务书上可以看出这是一个包含圆弧、倒角、切槽和螺纹的轴类零件，基本涵盖了数控车床外轮廓的常见加工内容，有一定的加工难度。从加工工艺的角度出发，针对加工尺寸精度要求及形位公差要求，合理安排加工工艺，重点要考虑圆弧加工时刀具的后角干涉、螺纹退刀槽与圆弧的接刀、螺纹外圆的加工尺寸计算及螺纹的加工深度，还要合理设置加工参数及切削用量，改善加工过程中的断屑与冷却，提高加工过程的刀具寿命。综合以上考虑，拟定如表 1.1.1 所示的加工工序表。

表 1.1.1 加工工序表

工序	工序内容	S/(r/min)	F/(mm/r)	Ap/mm	T	余量/mm	说明
1	粗车 Ø34 头端面	800	0.25	0.5	45°外圆刀	0.2	切平为止，注意毛坯装夹长度
2	精车 Ø34 头端面	1000	0.1	0.2	45°外圆刀	0	
3	粗车 Ø34 外圆	800	0.25	1	75°外圆刀	径向 0.25 轴向 0.1	至 0.36mm 处
4	精车 Ø34 外圆	1100	0.12	0.25	75°外圆刀	0	至 0.36mm 处
5	切槽	400	0.06		4mm 槽刀、R 角 1mm	0.15(粗加工)	Ø25 槽
6	掉头粗切端面	800	0.25	0.5	45°外圆刀	0.2	
7	精切端面	1000	0.1	0.2	45°外圆刀	0	保长度尺寸
8	粗车外轮廓	800	0.25	1	35°外圆刀	径向 0.25 轴向 0.1	至 0.72mm 处
9	精车外轮廓	1100	0.12	0.25	35°外圆刀	0	至 0.72mm 处
10	切槽	400	0.06		4mm 槽刀、R 角 0.2mm	0.15(粗加工)	螺纹退刀槽
11	切螺纹	150			60°螺纹刀		螺距 1.5mm

☆说明：

本加工工艺以单件小批量生产为纲领，加工工艺是随着零件的生产纲领而变化的，对于中间的圆弧曲面轮廓，如果从加工效率的角度出发，也可以选用能够正反切削的刀片，只要注意选用刀片的角度，不干涉就行；本加工案例在实际企业生产时也经常两头打中心孔，用两顶尖进行加工,这样加工效率和精度均会有所提高;还有螺纹的加工工艺也有很多种,特此说明。

【任务实施】

1) 创建加工零件。打开桌面"中望 3D"快捷方式,选择"新建"。为"类型"选择"加工方案",为"模板"选择"默认",命名为"数车 1-1"并单击"确定"按钮。注意命名文件的后缀为.Z3,进入加工界面。如图 1.1.2、图 1.1.3 和图 1.1.4 所示。

图 1.1.2　选择"新建"

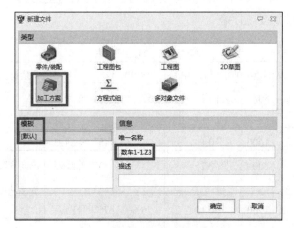

图 1.1.3　选择加工方案并命名

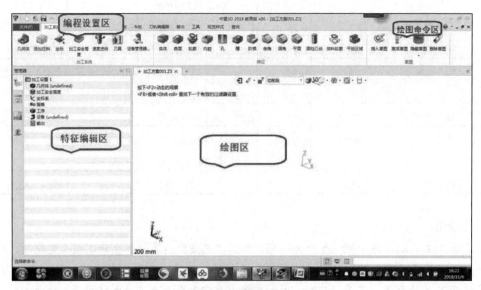

图 1.1.4　加工界面

2) 调入几何体。选择"几何体"选项卡(图 1.1.5),再选择"打开"命令,从相应的目录打开文件(图 1.1.6 和图 1.1.7),并选择造型,单击"确定"按钮调入几何体(图 1.1.8)。

图 1.1.5　调入几何体　　　　　　　　　　图 1.1.6　选择目录

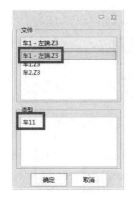

图 1.1.7　选择造型　　　　　　　　　　图 1.1.8　调入几何体

☆**注意**

如果是二维平面图,有三个要注意的地方。第一,要保证所画的二维图位于 XY 平面;第二,XY 的坐标原点就是后处理加工程序的工件坐标系原点;第三,所画二维图只需要一半的轮廓图就行,保证连接线之间不能有断开点。

☆**说明**

(1) 中望软件的数控车削模块可支持二维平面的加工,也可支持三维实体的加工,但必须使得加工位置落在 XY 平面内,如果用数控车床的坐标轴来解释,则软件界面中的 X 轴就是数控车床的 Z 轴,软件界面中的 Y 轴就是数控车床的 X 轴。中望 3D 的车削编程简单便捷,比较人性化,参数设置和界面友好,后期处理便捷,是比较好的数控车床编程软件。

(2) 中望软件的鼠标使用及小部分常用快捷键如表 1.1.2 所示。

表 1.1.2　鼠标使用及小部分常用快捷键

序号	功能	鼠标使用及快捷键
1	缩小放大	鼠标中键上下滑动
2	旋转	鼠标右键
3	选择	鼠标左键

(续表)

序号	功能	鼠标使用及快捷键
4	平移	按住鼠标中键，移动鼠标
5	全选	Ctrl+A
6	复制	Ctrl+C
7	打开	Ctrl+O
8	剪切	Ctrl+X
9	粘贴	Ctrl+V
10	XY 方向投影	Ctrl+PageUp

3) 添加坯料。选择"添加坯料"选项卡(图 1.1.9)的"圆柱体"命令，坐标轴选择 X 轴负半轴，参数设置如图 1.1.10 所示。

图 1.1.9　添加坯料

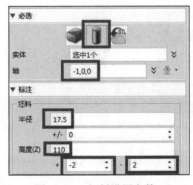

图 1.1.10　坯料设置参数

☆注意

毛坯的设置尽量按照实际毛坯尺寸进行，这可以避免加工过程中由于毛坯造成的很多问题。中望软件支持直接绘制的毛坯，格式是*.stl。

4) 设置刀具。选择"刀具"选项卡(图 1.1.11)，依据加工工序表的安排，先加工 Ø34 端，设置 3 把刀具，分别是 C45 外圆刀(图 1.1.12)、C75 外圆刀(图 1.1.13)和 C4R1 切槽刀(图 1.1.14)，后续再根据实际要求设置刀具。

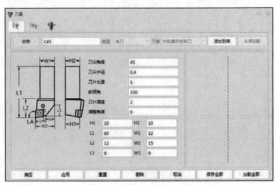

图 1.1.11　创建刀具

图 1.1.12　创建 C45 外圆刀

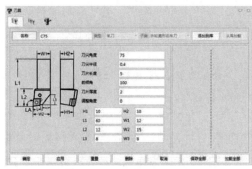

图 1.1.13　创建 C75 外圆刀　　　　　图 1.1.14　创建 C4R1 切槽刀

☆说明

(1) 数控车刀的种类

在数控车床上使用的刀具主要分成外圆刀、内孔刀、外螺纹刀、内螺纹刀、外切槽刀、内槽刀、钻头(包括中心钻)、铰刀、扩孔刀等。在选择刀具时，要依据工艺规程、选择对应的刀具，还要考虑加工零件的材质。不同的材质，其刀片不同。一般情况下，刀片分为三个种类(图 1.1.15)，蓝色用来加工钢类，黄色用来加工不锈钢类，红色用来加工铸铁类，对应的加工内容分成轻型、普通型、重型三种，我们一般选择普通型。

(2) 数控车刀的材料

数控车刀的材质种类较多，加工特性和加工对象各不一样，主要有金属陶瓷、陶瓷、立方氮化硼、金刚石、硬质合金、高速钢等材质。

① 陶瓷、金属陶瓷

陶瓷主要由纯氧化铝(AL_2O_3)构成，可在 AL_2O_3 中添加一定量的金属元素、金属碳化物。硬度高达 91.95HRA，在 1200℃高温下保持良好的切削性能。化学稳定性好，摩擦系数小，抗粘结磨损与抗扩散磨损能力强。但抗弯强度低、耐冲击性能差。主要用于高速精车、半精车、精铣和半精铣，部分韧性好的亦可用于粗车和粗铣。

主要有氧化铝陶瓷(AL_2O_3)、混合陶瓷(俗称黑陶瓷)、氮化硅基陶瓷、晶须强化陶瓷、金属陶瓷等。

② 立方氮化硼(CBN)(见图 1.1.16)

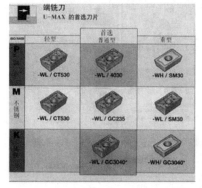

图 1.1.15　刀片类型　　　　　图 1.1.16　立方氮化硼

有单晶体和聚晶体。耐热性好,在 1370℃的高温下,仍保持其硬度。具有良好的耐磨性,可在高速下切削高温合金,切削速度比硬质合金高 4.6 倍。化学稳定性比聚晶金刚石好得多,在 1200~1300℃高温下也不与铁金属起化学作用。

主要用于精加工与半精加工淬硬高速钢、淬硬合金工具钢、模具钢、渗碳钢、渗氮钢、冷硬铸铁、高铬铸铁以及各种合金铸铁,也常用于加工高温合金。

③ 金刚石

有天然单晶金刚石与人造金刚石刀具之分。

天然单晶金刚石的耐磨性极好,摩擦系数很小,刀具刃口极为锋利,加工表面粗糙度 Ra 可达 0.008~0.025μm,适用于超精加工。但抗弯强度、韧性很差,热稳定性差,切削温度达 700~800℃时,会失去硬度。与铁的亲和力很强。主要用于有色金属及其合金的超精加工,也可用于加工非金属材料。

人造金刚石(聚晶金刚石)是在高温高压下聚合而成的多晶体材料,以硬质合金为基体结合成整体圆刀片。抗弯强度比天然金刚石高得多,价格比较便宜。比硬质合金硬度高 3~4 倍、耐磨性和寿命高 100 倍。适用于有色金属尤其是高硅铝合金,也用于加工非金属材料。

④ 表面涂层化(见图 1.1.17、图 1.1.18)

在高速钢或硬质合金刀片的基体上涂上极薄的一层或多层金属化合物材料,刀具的耐用度可提高 2 倍以上,而刀具成本提高不到 1 倍。

目前常用的有碳氮化钛、氮化钛、陶瓷涂层等,也有复合涂层。虽然涂层很薄,但提高了刀具表面的红硬性和耐磨性。

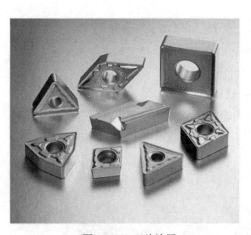

图 1.1.17　刀片涂层

图 1.1.18　刀片涂层材质

(3) 数控车床刀片的结构

数控车床刀片一般有如图 1.1.19 所示的形状和如图 1.1.20 所示的型式。我们要根据加工零件的结构选择对应的加工刀片形状,进而选择刀杆。选择的依据主要有:①不能与加工零件发生干涉(如图 1.1.21 和图 1.1.22);②适于零件的加工,便于断屑和排屑;③考虑加工的经济性。

图 1.1.19　刀片形状

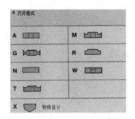

图 1.1.20　刀片型式

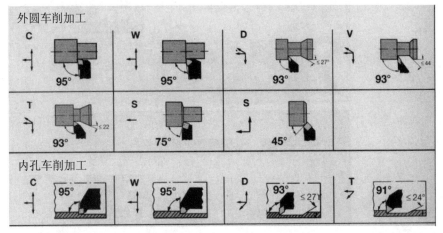

图 1.1.21　车刀片的选择 1

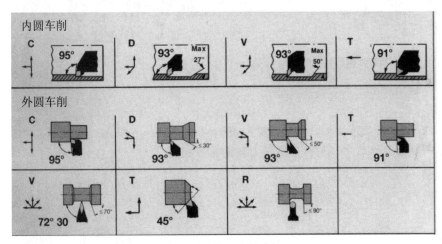

图 1.1.22　车刀片的选择 2

(4) 数控车床刀杆结构

随着数控技术的发展，现在基本上使用可转位刀杆加刀片的组合进行生产，传统的焊接刀具已经很少用到。可转位刀杆的典型结构有上压式、杠杆式、楔块式、楔形压板式和快速螺钉式。

① 上压式

由爪形压板、双头螺钉、刀垫、刀片、刀杆、固定螺钉等组成，如图 1.1.23 和图 1.1.24 所示。特点是结构简单，夹紧可靠，夹紧力与切削力方向一致。但压板对排屑有影响。

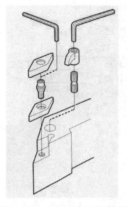

图 1.1.23 上压式刀杆简图

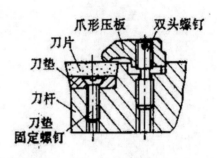

图 1.1.24 上压式刀杆局部放大图

② 杠杆式

由杠杆、压紧螺钉、刀垫、弹簧套、刀片、刀杆等组成，如图 1.1.25 和图 1.1.26 所示。特点是定位准确，刀片转位或更换快捷，排屑通畅。但结构复杂、制造难度大。

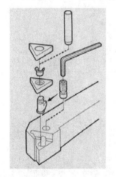

图 1.1.25 杠杆式刀杆简图

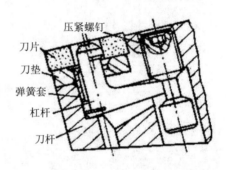

图 1.1.26 杠杆式刀杆的局部放大图

③ 楔块式

由刀杆、刀垫、定位螺钉、刀片、锁紧螺钉、扳手、楔块等组成，如图 1.1.27 和图 1.1.28 所示。特点是夹紧可靠、使用方便，但定位精度略低。

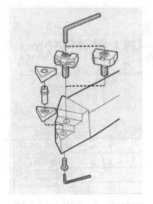

图 1.1.27 楔块式刀杆简图

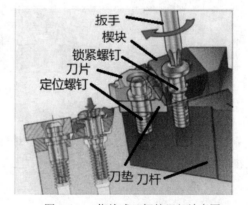

图 1.1.28 楔块式刀杆的局部放大图

④ 楔形压板式

由刀垫、定位销、刀杆、刀片、特殊楔块、双头螺钉等组成，如图 1.1.29 和图 1.1.30 所示。比楔块夹紧更可靠。

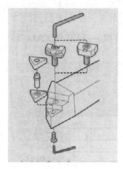

图 1.1.29 楔形压板式刀杆简图

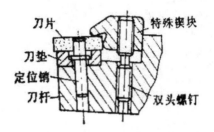

图 1.1.30 楔形压板式刀杆的局部放大图

⑤ 快速螺钉式

由锁紧螺钉、刀片、刀垫、定位螺钉等组成，如图 1.1.31 和图 1.1.32 所示。利用锁紧螺钉的两个锥面的作用将刀片定位和夹紧。特点是定位准确、结构简单。

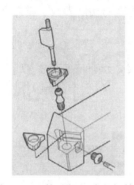

图 1.1.31 快速螺钉式刀杆简图

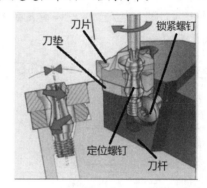

图 1.1.32 快速螺钉式刀杆的局部放大图

5) 粗车端面。选择"车削"选项卡中的"端面"命令(图 1.1.33)。在"选择特征"区域选中"零件"和"坯料"，分别双击图 1.1.34 显示的"零件"和"坯料"即可。

图 1.1.33 车削端面

图 1.1.34 选择特征

6) 进给速度与主轴速度设置。选择"工序"区域的"参数"命令(图 1.1.35)，选择"主要参数"中的"速度，进给"(图 1.1.36)，依据拟定的工艺参数，设置对应粗、精加工的主轴速度与进给速度(图 1.1.37)。

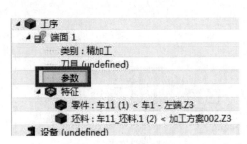

图 1.1.35　选择参数

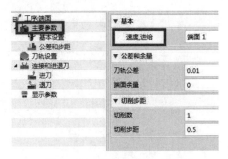

图 1.1.36　选择"速度，进给"

☆说明

(1) 注意选择主轴速度与进给速度的单位，主轴速度为转/分钟，进给速度为毫米/转。

(2) RAPID 只适用于进给，不能在转速里设置，RAPID 的意思是以 G00 的速度进刀或者退刀。正常加工过程中我们根据加工的需要，将退刀与进刀设置为 RAPID，其余参数依据实际加工情况设定。

(3) 主轴速度、进给速度、背吃刀量是数控车床三个重要的切削参数，要依据实际情况进行合理设置。

7) 设置主要参数。选择"工序"选项卡的"参数"命令，选择"主要参数"，参数设置情况如图 1.1.38 所示。

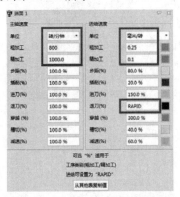

图 1.1.37　主轴速度和进给速度设置

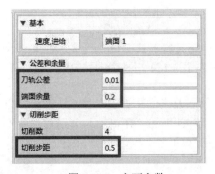

图 1.1.38　主要参数

☆说明

(1) "刀轨公差"指的是加工过程中，插补拟合的公差值。一般情况下 0.01mm 即可，但如果零件精度要求高而且机床精度好，可提高拟合精度。拟合精度越高，加工精度越好，同时要求机床、刀具系统的精度也要越好。刀轨公差的要求越高，编程计算量越大，计算速度越慢，所以要依据零件的要求及机床和刀具的具体情况设定，一般按 0.01mm 给定。

(2) "端面余量"指的是粗加工端面留给精加工的余量。

(3) "切削数"指的是粗加工端面的走刀次数。

(4) "切削步距"指的是背吃刀量。

8) 刀轨设置。选择"工序"选项卡的"参数"命令，选择"刀轨设置"，参数设置情况如图 1.1.39 所示。

图 1.1.39　刀轨设置

☆**说明**

(1) "切削方向"有两种选择,分别是"从右到左"和"从左到右",这个选择主要与实际加工工艺和机床结构有关,一般数控车床的主轴在操作者的左手边,刀架在操作者的右手边,所以正常选择"从右到左"。如果主轴在操作者的右边,而刀架在左边,则选择"从左到右"。

(2) "重叠距离"指的是 X 轴方向刀具超过主轴中心的值,该参数主要解决由于刀尖圆角、刀具中心高与主轴中心偏差等因素造成的加工端面凸台。

(3) "入刀点"指的是刀具进刀点。

9) 选择刀具并计算。如图 1.1.40 所示,选择 C45 刀具并计算(图 1.1.41),计算结果和仿真结果如图 1.1.42 和图 1.1.43 所示。

图 1.1.40　选择刀具

图 1.1.41　计算刀路

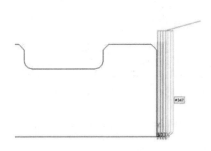

图 1.1.42　计算结果

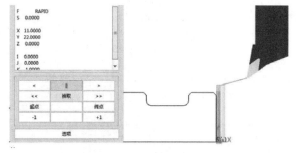

图 1.1.43　仿真结果

10) 精加工端面。选择"车削"选项卡中的"端面"命令,选择"轮廓"为加工特征,选择 C45 车刀为加工刀具。参数设置如图 1.1.44 和图 1.1.45 所示。主轴速度与进给速度按工序表给定值设定。

图 1.1.44　主要参数设置

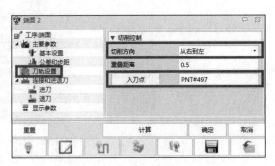
图 1.1.45　刀轨设置

☆说明

(1) 用鼠标双击工序前的图标，可显示和隐藏刀具路径，见图 1.1.46 所示的框。隐藏后的效果如图 1.1.47 所示。

图 1.1.46　双击图标

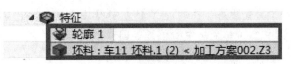
图 1.1.47　刀路隐藏后的效果

(2) 入刀点只需要选择零件外部的点就行，选择的依据是以不干涉为前提。

(3) 记得在"进给速度"中设置"进刀"和"退刀"为 RAPID，这样可提高加工效率。

11) 粗车外轮廓。选择"车削"选项卡中的"粗车"命令。为刀具选择 C75，在"选择特征"区域中选中"轮廓 1"和"毛坯"。其他参数设置如图 1.1.48~图 1.1.51 所示。

图 1.1.48　主要参数设置

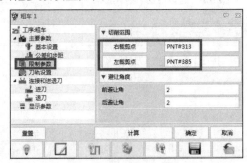
图 1.1.49　限制参数设置

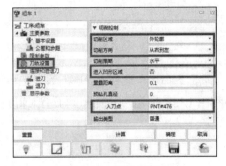
图 1.1.50　刀轨设置

图 1.1.51　连接和进退刀设置

☆注意

记得设置加工余量。

☆说明

(1) "主要参数"依据拟定的工艺参数设定;"限制参数"中的"左裁剪点"和"右裁剪点"其实就是限制加工的区域。"右裁剪点"选择右端面,"左裁剪点"选择直线与圆弧交点往左偏移 1.2mm 左右,保证两端加工后可去除全部材料。

(2) 粗车的加工轮廓特征一定要保证封闭性,否则生成不了刀具路径。

(3) 数控车床的切削用量是关键参数,主轴速度、进给速度、背吃刀量三个参数设置合理,则断屑效果好、加工效率高、刀具寿命长、表面精度高,反之事倍功半。

12) 精加工外轮廓。选择"车削"选项卡中的"精车"命令,选取 C75 车刀,选择"轮廓 1"作为特征。其他参数设置如图 1.1.52~图 1.1.56 所示,图 1.1.57 显示了结果。

图 1.1.52 基本参数设置

图 1.1.53 主要参数设置

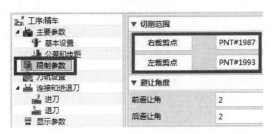

图 1.1.54 限制参数设置

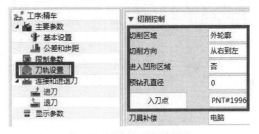

图 1.1.55 刀轨设置

图 1.1.56 连接和进退刀设置

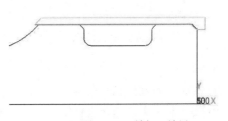

图 1.1.57 精加工结果

☆注意

(1) "基本设置"中,精加工要适度提高一些主轴速度,降低进给速度,这样能够提高表面质量。

(2) 在 "主要参数" 中，记得将 "轴向余量" 和 "径向余量" 改为 0。

(3) 在 "限制参数" 中，"左裁剪点" 一定要位于粗加工左裁剪点的前面，不然会撞刀。

(4) 在 "刀轨设置" 中，"进入凹型区域" 记得要选择 "否"，以免刀具切到槽里。

13) 切槽。 选择 "车削" 选项卡中的 "槽加工" 命令，为刀具选择 C4R1，选择 "轮廓 1" 和 "毛坯" 作为特征。其他参数设置如图 1.1.58~图 1.1.62 所示，图 1.1.63 显示了结果。

图 1.1.58　速度、进给设置

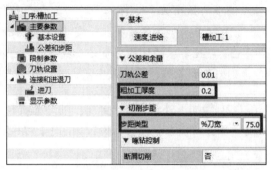

图 1.1.59　主要参数

图 1.1.60　限制参数

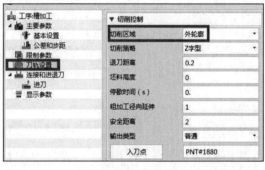

图 1.1.61　刀轨设置

图 1.1.62　切槽设置

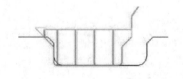

图 1.1.63　加工结果

☆说明

(1) 其余参数按默认设置即可。

(2) 由于槽底部圆角为 R1.5，选择刀具时一定要保证槽刀的 R 角小于 1.5。

(3) "粗加工厚度" 指的是粗加工留给精加工的余量。

(4) "切削区域" 有 "内轮廓" 和 "外轮廓"，这里选择 "外轮廓"。

(5) "精加工槽" 设置为 "是"，粗加工完毕后用槽刀对槽的表面进行精加工。

(6) "退刀位置" 指的是精加工槽时两端进刀的中间分界点，该功能是中望 3D 软件在数控车床编程领域的主要特色，具有方便、快捷与人性化的特点。

14) 掉头车端面。 参数设置与前面的车端面相一致，也分粗车端面与精车端面，要保证长度方向 106.25mm 的尺寸，刀具选择 C45 的外圆车刀，按加工工艺表格设置加工参数，其余的参数设置如图 1.1.64 和图 1.1.65 所示。

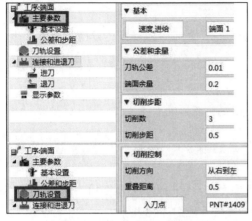

图 1.1.64 粗车端面参数设置

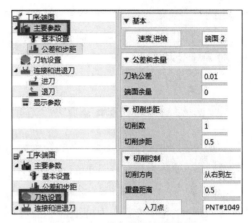

图 1.1.65 精车端面参数设置

15) 粗车外轮廓。 选择"车削"选项卡的"粗车"命令，设置 C35 刀具(如图 1.1.66 所示)，在"选择特征"区域选中"轮廓 1"和"毛坯"，参数设置及结果如图 1.1.67~图 1.1.69 所示。

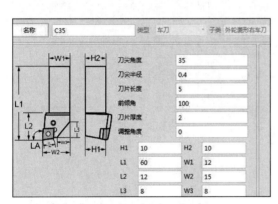

图 1.1.66 C35 外圆车刀参数设置

图 1.1.67 限制参数

图 1.1.68 刀轨设置

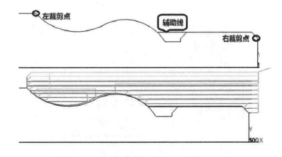

图 1.1.69 左右裁剪点及刀路结果

☆说明

(1) 选择刀具时，要考虑圆弧的后角干涉问题，所以选择一把 35° 的外圆车刀，刀尖半径为 0.4mm。

(2) 采用两头加工方式：图 1.1.69 中的圆圈显示了"限制参数"的左、右裁剪点。

(3) 图 1.1.68 的"刀轨设置"中，"进入凹形区域"，选择"是"，这样才能切到非单调的圆弧曲线，所谓"单调"指外圆或内孔直径尺寸逐步增大或减小。

(4) 为使 C35 的外圆刀能够进入曲线非单调轮廓，又不进入螺纹退刀槽，使用了如图 1.1.69 所示的辅助线。

☆思考

图 1.1.69 所做的辅助线合理吗？还有没有更好的方案？

16) 精车外轮廓。选择"车削"选项卡的"精车"命令，刀具选择 C35，选择"轮廓 1"作为特征，参数设置如图 1.1.70 所示。

17) 切槽。选择"车削"选项卡的"槽加工"命令，创建并选择刀具 C4R0.2，如图 1.1.71 所示。选择"轮廓 2"作为特征，参数设置如图 1.1.72 和图 1.1.73 所示。

图 1.1.70　刀轨设置

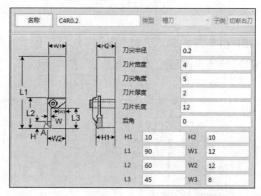

图 1.1.71　C4R0.2 参数设置

☆注意

加工余量记得设为 0。

图 1.1.72　切槽参数的设置 1

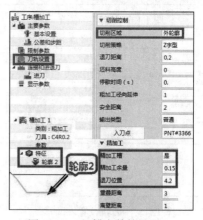

图 1.1.73　切槽参数的设置 2

18) 切螺纹。选择"车削"选项卡的"螺纹"命令，刀具选择 L60，刀具参数如图 1.1.74 所示。选择"轮廓 1"作为特征，参数设置与结果如图 1.1.75、图 1.1.76 和图 1.1.77 所示。

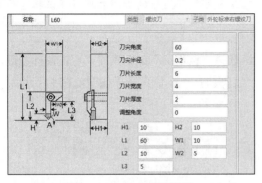

图 1.1.74 L60 参数的设置

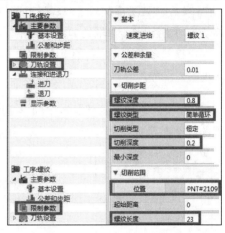

图 1.1.75 限制参数

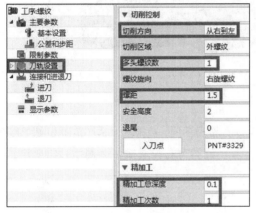

图 1.1.76 刀轨设置

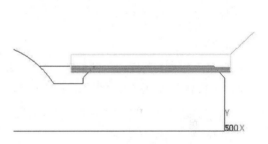

图 1.1.77 螺纹刀路

☆**说明**

(1) 选择刀具时，一般的螺纹车刀片有 55° 和 60° 之分，55° 用于车英制螺纹，60° 用于车米制螺纹，要根据实际螺纹需求进行刀片的选择和参数的设定。

(2) 螺纹的转速计算，一般的螺纹转速按 n≤1200/P-K 来计算，其中 P 为螺距，K 为安全系数(一般取 80)，按以上公式计算出 n≤720r/min。但若取 720r/min，螺距为 1.5mm，则进给速度高达 1080mm/min。综合刀具与进给速度，我们给定转速 150r/min。

(3) 由于螺纹为 M22*1.5mm 的小螺距螺纹，我们加工方式采用直进刀式，即"螺纹类型"为"简单循环"。车螺纹时，光轴的外圆受到挤压，尺寸会增大，按经验公式，外圆尺寸=D×0.1P=21.85mm，螺纹牙底尺寸=D×1.08P=20.38mm，其中的 D 为螺纹公称直径，P 为螺距。

(4) 主要参数设置中，螺纹深度一般设为 0.75~0.8，为半径值。"螺纹类型"中，如果选择"简单循环"后处理代码为 G92，进刀为直进式；如果选择"复合循环"后处理代码为 G76，进刀为斜进刀式(fanuc)。

(5) "切削深度"为螺纹粗加工时每一刀进给的深度，为半径值。"限制参数"中的"位置"只要选择光轴外轮廓中要加工螺纹线段上的任意点即可。

(6) "螺纹长度"指的是螺纹的有效长度,通过指定长度,可以限定加工范围。

(7) 要合理设置螺纹的进刀和退刀长度,一般进刀长度选择 1.5mm 左右,退刀长度选择进刀长度的 1/2~1/5。在螺纹加工过程中,要使得转速与进给同步,即主轴每转一周,刀具进给一个导程或者螺距。单头螺纹是螺距,多头螺纹是导程,适当的进刀长度可保证转速与进给速度的匹配精度。

19) 仿真。选择"管理器"中的"工序",选择"粗车 1"加工工序,双击鼠标左键,进入参数设置界面,如图 1.1.78 所示。选择 "实体仿真",仿真结果如图 1.1.79 所示。

图 1.1.78   仿真步骤

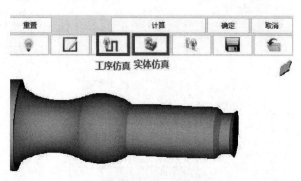

图 1.1.79   仿真结果

☆说明:

(1) "工序仿真"与"实体仿真"的区别在于仿真界面不同。"实体仿真"界面如图 1.1.79 所示,其控制面板如图 1.1.80 所示,而"工序仿真"的界面和控制面板如图 1.1.81 所示。

图 1.1.80   实体仿真控制面板

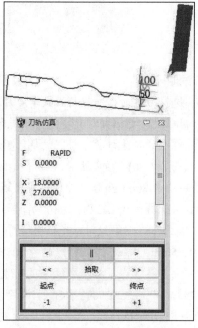

图 1.1.81   工序仿真界面与控制面板

(2) "实体仿真"能看到实体加工过程但看不清加工的刀具位置,而"工序仿真"仿真可以看到加工的刀具与实际加工零件的位置关系,但没有三维实体。

(3) 如果要多工序完成"实体仿真",选择"管理器"中的"工序"(如图 1.1.82 所示),选择 3 条加工工序,右击,然后选择"实体仿真",仿真结果如图 1.1.83 所示。

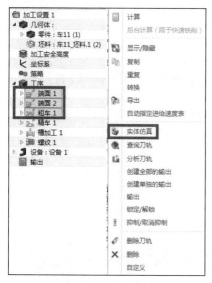

图 1.1.82 多工序实体仿真

图 1.1.83 多工序仿真结果

20) 设置加工设备。选择"管理器"中的"设备",双击鼠标左键,进入如图 1.1.84 所示的设备管理器界面,"类别"选择"车削","子类"选择"旋转头","后置处理器配置"选择 ZW_Turning_Fanuc,最后单击"确定"按钮。

图 1.1.84 设备管理器设置

21) 后置处理。选择"管理器"中的"工序",单击鼠标,在下拉菜单中选择"输出"。在"输出"的子菜单中选择"输出所有 NC",如图 1.1.85 所示。后置处理完毕后,程序如图 1.1.86 所示。

图 1.1.85　设备管理器设置

图 1.1.86　后置处理完毕后的程序

☆说明

还可双击"管理器"中的"输出"生成 📄 P0001。用鼠标左键选择"管理器"中的一道或者多道"工序",按住鼠标左键不放并拖放在 📄 P0001 上方,右击该图标,在生成的下拉菜单中选择"输出 NC",同样可对程序进行后置处理。如图 1.1.87 所示。

图 1.1.87　后置处理流程

22) 程序传输至数控车床并加工。

后置处理完毕后,通过传输软件或者 CF 卡传输或拷贝至 CNC,对刀后操作数控车床,就可以加工出对应的零件。

【任务小结】

本任务主要通过一个包含外螺纹、外圆弧面、槽、倒角为特征的轴类零件,分析其加工工艺，通过中望 3D 软件的车削功能，设置加工参数、设置加工刀具、选择加工设备种类，接着进行后置处理并完成加工。通过对该案例的工艺分析，解释了数控车刀的结构，分析了刀具材料，阐明了切削参数和螺纹加工计算问题，充分体现中望软件加工模块中"车削"是如何进行编程的。特别是外轮廓轴类零件的编程，让学生理解加工参数的含义，懂得加工工艺，并能够应用中望 3D 软件的车削功能，编制轴类外轮廓零件的加工程序。特别要指出的是加工工艺是依据生产纲领来设定的，同时又受到生产企业现有设备情况及工艺人员的经验影响，因此本案例主要通过该加工工艺来说明中望 3D 软件的"车削"功能的使用。

任务 1.2　内、外轮廓与内螺纹的数控车削

图 1.2.1 显示了加工零件图。

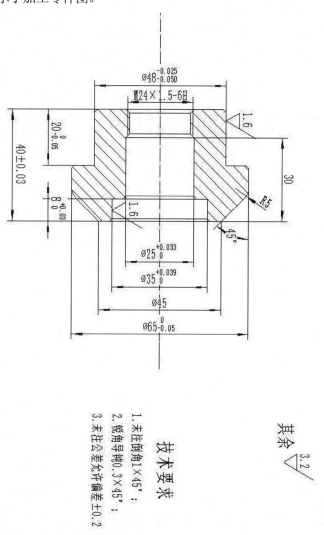

图 1.2.1　加工零件图(电子图与编程文件可扫描本书封底的二维码下载)

【任务目标】

1. 掌握中望数控车削内轮廓编程的流程及对应参数的含义和使用；
2. 掌握数控车床内孔刀的型号、种类、选择要领及加工注意事项；
3. 掌握数控车床加工工序中的端面、粗加工、精加工、切槽、切螺纹的应用；
4. 巩固主轴转速、进给速度、背吃刀量三个参数的重要性；
5. 掌握中望 3D 软件编程界面，会使用界面的各个命令。

【任务分析】

从任务书上可以看出这是一个包含外轮廓、圆角、内轮廓和内螺纹的轴类零件，基本涵盖了数控车床内、外轮廓的常见加工内容，有较大的加工难度。从加工工艺的角度出发，针对加工尺寸精度要求及形位公差要求，合理安排加工工艺，重点考虑内、外轮廓如何加工的工艺问题，考虑内孔加工的干涉问题，计算内螺纹的加工尺寸及螺纹的加工深度，还要合理设置加工参数及切削用量，避免由于掉头车削产生的接刀痕和二次装夹误差，改善加工过程中的断屑与冷却，提高加工过程的刀具寿命。综合以上考虑，拟定如表 1.2.1 所示的加工工艺流程。

表 1.2.1　加工工序表

工序	工序内容	S/(r/min)	F/(mm/r)	Ap/mm	T	余量/mm	说明
1	粗车 Ø48 头端面	800	0.25	0.5	45º外圆刀	0.2	切平为止
2	精车 Ø48 头端面	1000	0.1	0.2	45º外圆刀	0	
3	预钻 Ø20 内孔	600			Ø20 麻花钻	1	尾座手动钻
4	车内倒角	1000	0.2	1	45º内孔刀	0	
5	粗车 Ø48 外圆	800	0.25	1	75º外圆刀	径向 0.25 轴向 0.1	至 0.21mm 处
6	精车 Ø48 外圆	1100	0.12	0.25	75º外圆刀	0	至 0.21mm 处
7	掉头粗车端面	800	0.25	1	75º外圆刀	0.25	
8	精车端面	1000	0.1	0.5	75º外圆刀	0	保长度尺寸
9	粗车外轮廓	800	0.25	1.5	75º外圆刀	径向 0.25 轴向 0.1	
10	精车外轮廓	1100	0.12	0.25	75º外圆刀	0	
11	粗车内轮廓	1200	0.2	1	75º内孔刀	径向 0.2 轴向 0.1	
12	精车内轮廓	1600	0.1	0.2	75º内孔刀	0	
13	切内螺纹	150			60º内螺纹刀		螺距 1.5mm

【任务实施】

1) 创建加工界面。 打开桌面"中望 3D"快捷方式，单击"打开"按钮，如图 1.2.2 所示，选择"车 2-左端.Z3"，如图 1.2.3 所示。打开并进入绘图界面(如图 1.2.4)，在绘图界面右击，在下拉菜单中选择"加工方案"，如图 1.2.5 所示，进入加工界面。

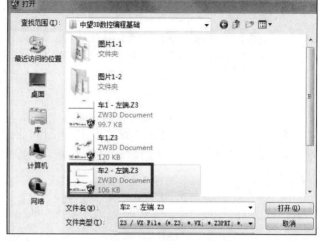

图 1.2.3　选择加工零件

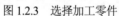

图 1.2.2　单击"打开"按钮

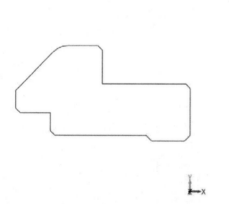

图 1.2.4　进入绘图界面

图 1.2.5　选择"加工方案"

2) 添加坯料。 打开"添加坯料"选项卡(图 1.2.6)。选择"圆柱体"命令，坐标轴选择 X 轴负半轴，参数设置如图 1.2.7 所示。

图 1.2.6　添加坯料　　　　　　　　　　图 1.2.7　设置参数

3) 设置刀具。选择"刀具"选项卡(图 1.2.8),依据加工工艺的安排表格,先加工 Ø48 端,需要设置 3 把刀具,分别是 45º外圆刀(图 1.2.9)、75º外圆刀(图 1.2.10)和 45º内孔刀(图 1.2.11)。

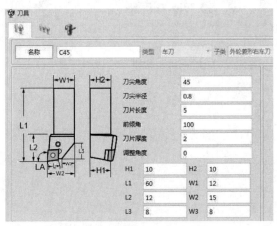

图 1.2.8　创建刀具　　　　　　　　　　图 1.2.9　创建 45°外圆刀

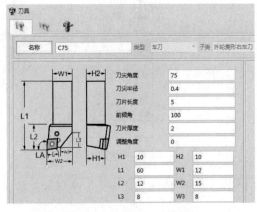

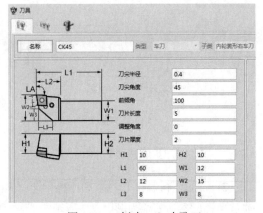

图 1.2.10　创建 75°外圆刀　　　　　　　图 1.2.11　创建 45°内孔刀

☆**说明**

(1) 根据车 2-左端的零件结构,其台阶面是 90°的阶梯轴,为了避免精加工时轴向余量对加工的影响，我们选择 75° 的机夹外圆车刀来加工，刀柄选择标准的 20mm × 20mm 规格，与刀架相一致。

(2) 内孔刀的选择主要以刀具刚性为主，在不干涉的前提下尽可能选择直径大的刀具，而且装夹长度要尽可能短，避免加工过程中由于振动造成振刀纹或者尺寸误差。

(3) 内孔加工的时候，更要注意车削过程中刀具的断屑，除了考虑刀具与加工零件本身的材料外，合理的切削参数也是断屑的另一重要因素。

4) 粗车端面。选择"车削"选项卡中的"端面"命令(图 1.2.12)。在"选择特征"区域选择"新建"和"轮廓"(图 1.2.13)，单击"确定"按钮，选择的轮廓和参数设置如图 1.2.14 所示。

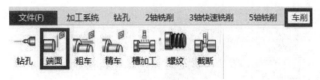

图 1.2.12 车削端面

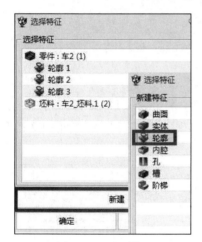

图 1.2.13 选择特征

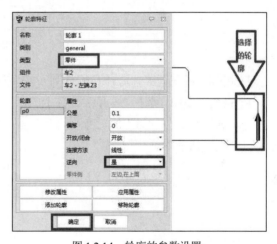

图 1.2.14 轮廓的参数设置

☆说明

(1) 在"轮廓特征"界面中，将"类型"中的"限制"改为"零件"，"属性"中的"公差"根据实际要求给定，"开放/闭合"选择"开放"，"逆向"选择"是"。

(2) 关于轮廓的方向，遵循逆时针旋转原则。

5) 主要参数设置。选择"工序"选项卡的"参数"命令，依据拟定的工艺参数，设置对应的加工参数。"主轴速度"与"进给速度"如图 1.2.15 所示，"刀轨公差""端面余量"及"切削步距"如图 1.2.16 所示。

6) 刀轨设置。选择"工序"选项卡的"刀轨设置"选项。设置刀轨参数，"入刀点"选择端面右边最大直径值以上即可，具体如图 1.2.17 所示。

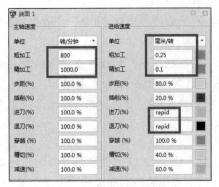

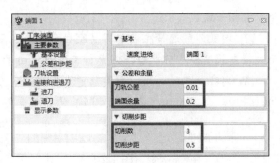

图 1.2.15　主轴速度、进给速度设置　　　　　　　　图 1.2.16　主要参数

图 1.2.17　刀轨设置

7) 选择刀具并计算。选择 C45 外圆刀并计算，如图 1.2.18 所示。

8) 精加工端面。选择"车削"选项卡的"端面"命令，将"轮廓 1"及"坯料"作为加工特征，选择 C45 外圆刀为加工刀具，"类别"为"精加工"，主要参数设置如图 1.2.19 所示，其余按默认值即可。

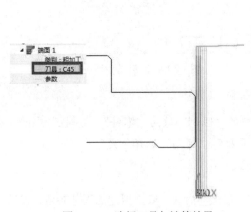

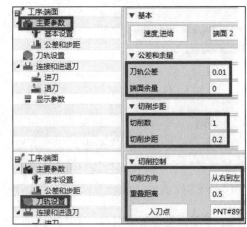

图 1.2.18　选择刀具与计算结果　　　　　　图 1.2.19　精加工主要参数设置

☆**说明**

"类别"中"粗加工"与"精加工"的主要区别在于切削用量的选择不同。"精加工"选择精加工的切削参数，"粗加工"选择粗加工的切削参数。直接用鼠标双击"类别"中的"粗加工"或者"精加工"，可以相互转换。

9) 预钻 Ø20 内孔。选择 Ø20 的麻花钻，主轴转速设置为 600r/min 左右，通过尾座手工钻直径为 20mm 的内孔。

☆说明

考虑到钻内孔的切削量大，发热与排屑不好，工件的发热量大，导致零件的热胀冷缩，影响加工精度，因此将预钻孔工序安排在端面加工之后。

10) **车内孔倒角**。选择"车削"选项卡的"粗车"命令，刀具选择 CK45，选择"轮廓 3"和"毛坯"作为特征，其中"轮廓 3"选择整个加工零件轮廓，方向为逆时针，主要参数设置及结果如图 1.2.20 所示。

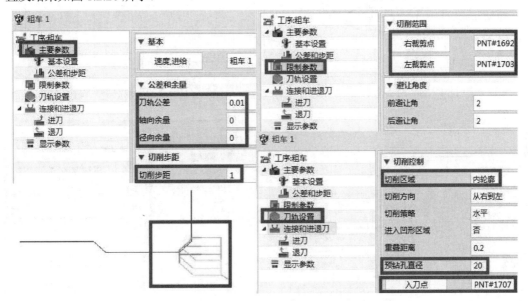

图 1.2.20 车内孔的主要参数设置及结果

☆说明

(1) 考虑到内孔螺纹的退刀倒角，如果在左端倒角不加工，留在掉头后的右端加工时，则必须用内孔刀反切，刀具悬身长度长，刀具刚性差，给加工带来难度。实际要根据加工情况综合考虑，或改变加工工艺。如果大批量加工，也可直接用 45° 倒角车刀一刀切。

(2) "限制参数"中的左、右裁剪点选择倒角的两个端点。

(3) "切削区域"选择内轮廓。

(4) "预钻孔直径"指车削内孔前，毛坯孔的直径大小，依据前面工序的预钻孔直径，设为 20mm，这是中望软件车削内孔的优势，很多车削编程软件均要画出毛坯的预钻孔，中望软件则没有这一项要求。

(5) 注意"入刀点"的选择，由于加工内轮廓，"入刀点"要在端面和轴线交点附近。

11) **粗车外轮廓**。选择"车削"选项卡的"粗车"命令，刀具选择 C75。选择"轮廓 3"和"坯料"作为特征，参数设置如图 1.2.21~图 1.2.24 所示。

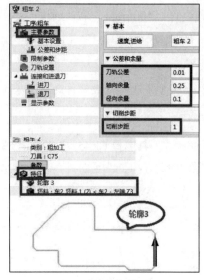

图 1.2.21　主参数设置

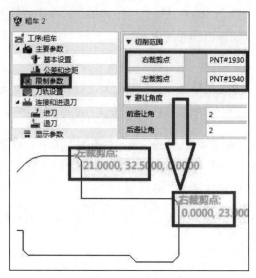

图 1.2.22　限制参数设置

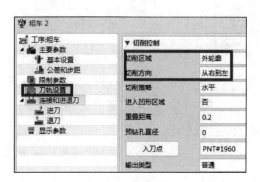

图 1.2.23　刀轨设置

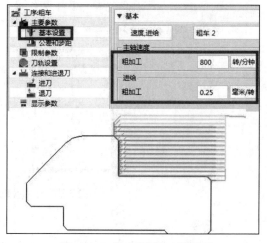

图 1.2.24　基本设置与刀路结果

☆说明

(1) 主参数设置依据拟定的工艺参数设定；特别要注意的是，一定要保证轮廓 3 的封闭性，不然无法生成刀路。

(2) 图 1.2.23 中的"切削策略"中有三种模式分别是"水平""垂直"和"固定轮廓重复"，三种模式的区别在于进刀模式不同。长轴加工一般选择"水平"。大直径短轴一般选择"垂直"。如果是锻造毛坯，则可选择"固定轮廓重复"，这样可减少进刀次数，提高加工效率。从对应的后处理来说，以 fanuc 的数控系统为例，"水平"处理对应的是 G71，"垂直"对应的是 G72，"固定轮廓重复"对应的是 G73。

(3) 图 1.2.23 中的"重叠距离"指两粗车轨迹的重叠距离，一般按默认值设置。

12) 精加工外轮廓。 选择"车削"选项卡的"精车"命令，选取 C75 的车刀。选择"轮廓 3"作为特征，主要参数设置及结果如图 1.2.25~图 1.2.27 所示。图 1.2.28 显示了避让角。

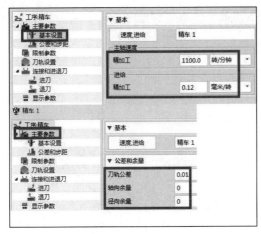

图 1.2.25 主要参数设置

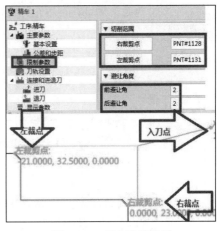

图 1.2.26 限制参数设置

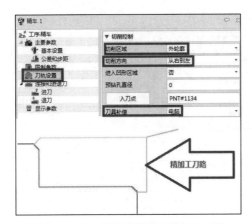

图 1.2.27 刀轨参数设置及精加工刀路

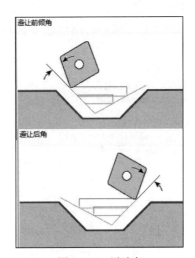

图 1.2.28 避让角

☆说明

(1) 图 1.2.28 中的"避让前倾角"和"避让后角"分别指刀片的前刀面、后刀面与走刀路线的夹角,一般按默认值设置。

(2) 刀具补偿方式如图 1.2.29 所示。"电脑"由编程软件计算车刀的刀尖圆弧半径补偿,并直接体现在刀具路径中,不需要在数控系统里设置补偿参数,需要全部清零,一般软件编程均采用此种补偿方式。"控制器"指数控系统刀具补偿,fanuc0i.TD 对应的刀具补偿分别用 G41 和 G42 来实现;G41 表示刀具左补偿,指在圆弧与斜面加工时,刀具沿进刀路线,向工件的左边偏移一个补偿值,G42 反之,一般用于手工编程。"磨损"及"反向磨损"指的是在加工过程中,补偿刀具的磨损量,对应数控系统中的磨损设置,可以正补偿也可以负补偿,一般在生产过程中进行补偿。

(3) 图 1.2.30 指出在外轮廓的加工过程中,刀具要不要进入存在凹型的区域。选择"否",刀具不会进入"凹型区域",选择"是",刀具会依据自身角度进入"凹型区域"加工。但为了避免干涉,该刀具的外形尺寸一定要严格按照实际加工刀具进行设置。还值得一提的是,这与后置处理也有关系,如果后置处理采用复合循环(如 fanuc 数控系统),则 G71 和 G72 要求满足加工轮廓的单调性，是不允许进入凹型区域的，但 G73 仿型加工就可以，所以要特别留意。

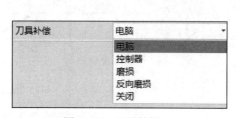

图 1.2.29　刀具补偿 1

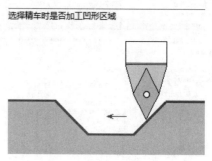

图 1.2.30　刀具补偿 2

13) 掉头粗切端面。选择"车削"选项卡的"端面"命令，刀具选择 C45，选择"轮廓 1"和"毛坯"作为特征(如图 1.2.31 所示)，参数设置及结果如图 1.2.32 和图 1.2.33 所示。

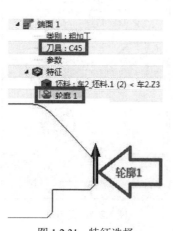

图 1.2.31　特征选择

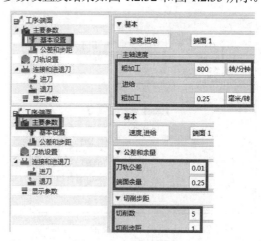

图 1.2.32　主要参数设置

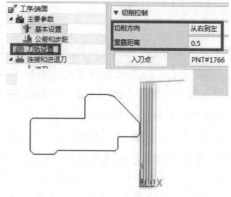

图 1.2.33　刀轨设置

☆说明

(1) 掉头车端面时，主要要保证长度方向 Ø40±0.03 的尺寸，所以端面的粗车切削次数要依据毛坯的长度来设定。

（2）其余未做说明的参数按默认设置。

14）精车端面。参数设置与前面的车端面相一致，主要要保证长度方向 Ø40±0.03 的尺寸，刀具选择 C45 的外圆车刀，加工参数按加工工艺表格里面的参数设置，其余的参数设置如图 1.2.34 所示。

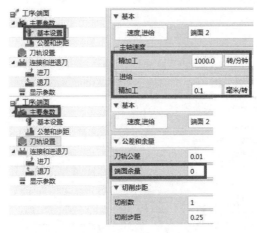

图 1.2.34 精加工主要参数设置

15）粗车外轮廓。选择"车削"选项卡的"粗车"命令，刀具选择 C75，选择"零件"和"坯料"作为特征，主要参数设置及结果如图 1.2.35 所示，重要的是要留"轴向余量"和"径向余量"，其余参数按默认设置。

16）精车外轮廓。选择"车削"选项卡的"精车"命令，刀具选择 C75，选择"零件"作为特征，参数设置如图 1.2.36 所示，连接和进退刀设置与结果如图 1.2.37 所示。

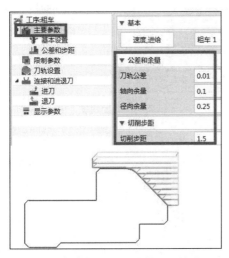

图 1.2.35 粗加工主要参数设置与结果

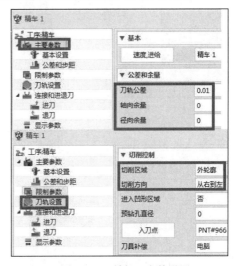

图 1.2.36 精加工参数设置

☆说明：

（1）图 1.2.37 所示中"连接和进退刀"设置的进刀类型有三种，"直线+角度""相切直线"

"相切圆弧"，如图 1.2.38 所示。"直线+角度"表示与切入点相平方向直线进刀，与零件轮廓成一角度切入；"相切直线"表示与轮廓线相切的方式切入；"相切圆弧"表示采用圆弧与轮廓线相切的进刀方式。

(2) 进刀与退刀的参数含义是相同的，其中"线段长度""线段角度"和"线段距离"分别如图 1.2.39、图 1.2.40 和图 1.2.41 所示。"线段长度"表示刀具切入加工表面的长度；"线段角度"表示刀具切入与零件加工表面的夹角；"线段距离"表示刀具的切入长度。

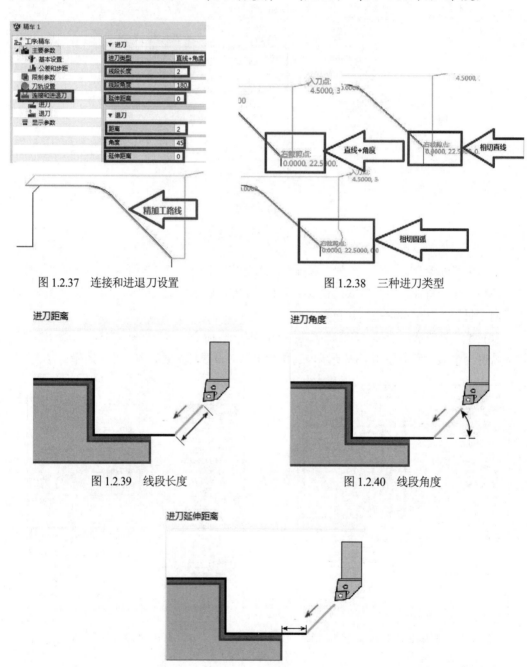

图 1.2.37　连接和进退刀设置　　　　　　图 1.2.38　三种进刀类型

图 1.2.39　线段长度　　　　　　　　　　图 1.2.40　线段角度

图 1.2.41　线段距离

17) 内孔粗加工。选择"车削"选项卡的"粗车"命令，选择"零件"与"坯料"作为特征(如图 1.2.42)，刀具选择 TK75(如图 1.2.43)，参数设置及加工刀路如图 1.2.44～图 1.2.46 所示。

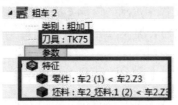

图 1.2.42 刀具与特征选择

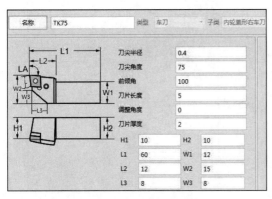

图 1.2.43 TK75 内孔刀参数

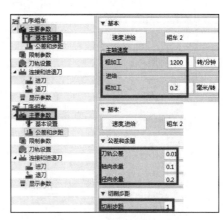

图 1.2.44 主要参数的设置

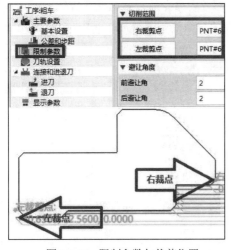

图 1.2.45 限制参数与裁剪位置

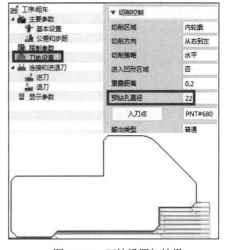

图 1.2.46 刀轨设置与结果

☆**说明**

(1) 要充分考虑内孔的大小，根据刀具的实际大小来设置内孔车刀，注意干涉、退刀值不能设置得太大，控制悬身长度，保证切削刚性。

(2) 切削参数中，要充分考虑内孔的排屑问题，适度提高主轴速度，减少背吃刀量和进给速度。

(3) "左裁剪点"要选择尾端倒角点，保证毛坯量都要被去除掉。

(4) "切削区域"要选择"内轮廓"，预钻孔直径设置为 Ø22mm，与前面预钻孔的直径相同。

(5) "入刀点"要选择在零件轴线周围，减少进刀距离。

18) 内孔精加工。选择"车削"选项卡的"精车"命令，刀具选择 TK75，选择"零件"作为特征，参数设置与结果如图 1.2.47、图 1.2.48 所示。

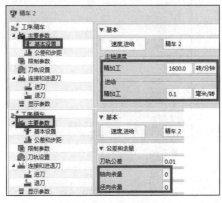

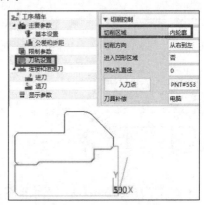

图 1.2.47　参数设置　　　　　　图 1.2.48　刀轨设置与结果

19) 内孔螺纹加工。选择"车削"选项卡的"螺纹"命令，刀具选择 LW60，刀具参数如图 1.2.49 所示。选择"零件"作为特征，参数设置与结果如图 1.2.50～图 1.2.52 所示。

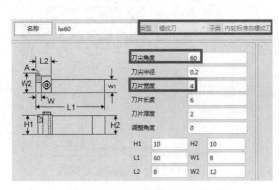

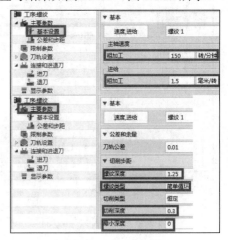

图 1.2.49　LW60 螺纹刀参数　　　　　　图 1.2.50　主要参数

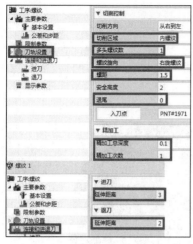 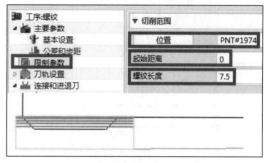

图 1.2.51　刀轨设置　　　　　　　图 1.2.52　限制参数及结果

☆说明

(1) 选择刀具时，要选择螺纹刀中的内孔标准右旋螺纹刀，刀尖角度为60°。

(2) 一般的螺纹转速按n≤1200/P-K来算，其中P为螺距，K为安全系数(一般取80)，按以上公式计算出 n≤720r/min。若取 720 r/min，螺距为 1.5mm，则进给速度高达 1080mm/min，综合刀具与进给速度，我们给定转速150r/min。

(3) 由于螺纹为 M24*1.5mm 的小螺距内螺纹，加工采用直进刀式，即"螺纹类型"为"简单循环"。车螺纹时，内孔的外圆受到挤压，尺寸会增大，孔径变小。为解决这个问题，保证螺纹的配合，先将内螺纹孔加工得大一些，保证挤压后可达到所需要的尺寸。根据经验公式，光轴内孔的加工尺寸=D+0.1P=24.15mm，螺纹牙底尺寸=D+1.08P=25.62mm，其中的 D 为螺纹公称直径。

(4) "主要参数"设置中，螺纹深度一般设为 1.25mm 左右，为半径值；"螺纹类型"中，如果选择"简单循环"后处理代码为 G92，则进刀为直进式；如果选择"复合循环"后处理代码为 G76，则进刀为斜进刀式(fanuc)。

(5) "切削方向"选择"从右到左"。

(6) "切削区域"选择"内螺纹"。

(7) "多头螺纹数"设置为 1，如果是多头螺纹，则要先车其中一条，接着进给一个导程后再车另一条螺纹。

(8) "螺纹旋向"根据实际螺纹的旋向给定，这里选择"右旋螺纹"。

(9) "螺距"根据实际需要的螺距给定，这里设置为 1.5mm。

(10) "退尾"用来设置螺纹车刀退出长度，可用在没有退刀槽的螺纹加工中。

20) 仿真。选择"管理器"中的"工序"，选择所有加工工序，双击鼠标左键，进入参数设置界面，如图 1.2.53 所示。选择"实体仿真"，仿真结果如图 1.2.54 所示。

图 1.2.53 仿真步骤

图 1.2.54 仿真结果

☆说明

图 1.2.54 的仿真结果中，毛坯内孔不通，是由于零件两端加工的加工工序没有一起仿真造成的；中望软件的仿真在表达含内轮廓的车削过程中，为清楚表达内轮廓的加工情况，显示时以 1/4 剖切面形式展示。

21) 加工设备设置及后置处理如任务 1.1 所示，这里不再赘述。

【任务小结】

本任务主要通过一个包含内轮廓、内螺纹、外轮廓、倒角为特征的轴类零件，分析其加工工艺；通过中望 3D 软件的"车削"功能，设置加工刀具，给定加工参数，选择加工设备，执行后置处理并完成加工。通过对该案例的工艺分析，让学生理解内轮廓加工及内螺纹加工工艺，充分体现中望软件的"车削"是如何进行内轮廓编程的，特别是内、外轮廓同时加工的情况。通过该案例，让学生理解车内轮廓及内螺纹的加工参数含义，理解加工工艺，并能应用中望 3D 软件的"车削"功能，编制包含这类内、外轮廓轴类零件的加工程序。还考虑了由于零件掉头加工而带来的重复定位误差、尺寸公差和形位公差对加工工艺的影响，最终提升学生使用中望软件进行"车削"编程的水平。

数控车床的编程练习题

1. 使用中望 3D 软件的车削模块编制下图所示的加工程序，材料为 45#，毛坯为棒料(电子图可扫封底二维码下载)。

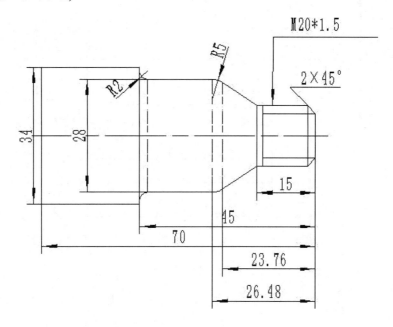

2. 使用中望 3D 软件的车削模块编制下图所示的加工程序，材料为 45#，毛坯为棒料(电子图可扫封底二维码下载)。

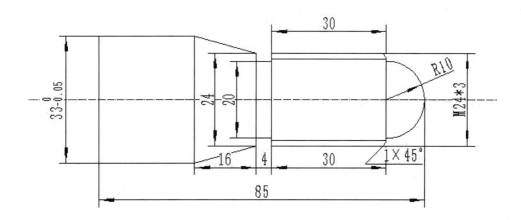

3. 使用中望 3D 软件的车削模块编制下图所示的加工程序，材料为 45#，毛坯为棒料(电子图可扫封底二维码下载)。

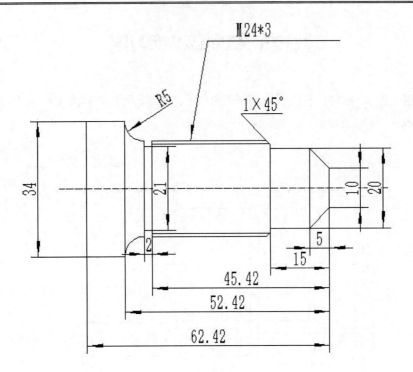

项目二 二维编程

项目描述(导读+分析)

    中望 3D 软件的 2 轴加工模块具有操作简单、运算速度快的特点。本项目主要通过三个任务的实施,让学员掌握中望 3D 软件中二维加工的使用,掌握参数的含义,会设置加工参数,会使用中望 3D 加工策略编制合理的加工参数,最终掌握简单轮廓零件数控铣削的加工工艺及编程。

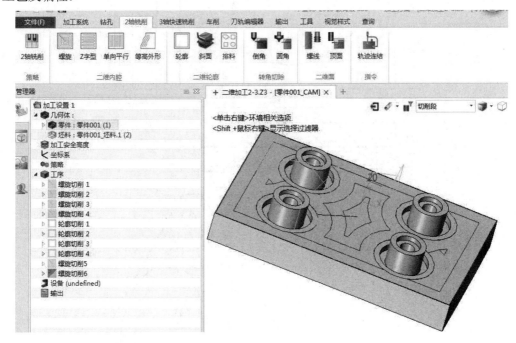

知识目标

    1. 掌握数控铣削 2 轴加工编程的工艺流程、加工策略及加工参数的含义;

    2. 掌握数控铣刀的型号、种类、选择要领及加工注意事项;

    3. 掌握中望 3D 软件数控铣削编程界面,会使用界面的基本命令。

能力目标

    1. 通过该项目的实施,具备分析 2 轴数控铣削加工工艺的能力;

    2. 具备使用中望 3D 软件的 2 轴加工策略设置合理加工参数的能力;

    3. 具备选用合理的数控铣加工刀具的能力。

任务 2.1　太极图案的二维加工

图 2.1.1 显示了加工零件图。

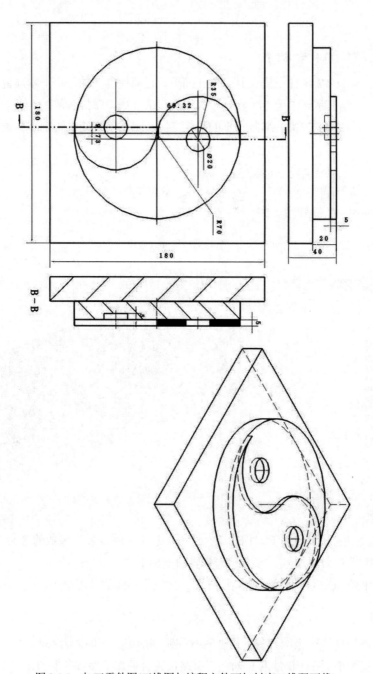

图 2.1.1　加工零件图(三维图与编程文件可扫封底二维码下载)

【任务目标】

1. 理解中望 2 轴铣削开放轮廓类编程的一般流程、对应参数的含义及使用;
2. 掌握数控铣刀的型号、种类、选择要领及加工注意事项;
3. 掌握数控刀具的材料与铣刀结构;
4. 掌握 2 轴铣削加工工序中的"螺旋加工"和"轮廓加工"的应用;
5. 能合理设置主轴速度、进给速度、背吃刀量三个参数;
6. 掌握中望 3D 软件 2 轴铣削编程界面,会使用界面的基本命令。

【任务分析】

中望 3D 的 2 轴加工策略主要针对简单规则的平面、轮廓或者型腔类零件,从任务图纸上可以看出这是一个包含凸台、型腔、外围轮廓曲线的开放平面类零件,是数控铣床常见的加工内容,结构相对简单。从图纸本身出发,零件图并没有标注尺寸公差与形位公差,也没有技术要求,图纸本身作为中望 2 轴铣削加工工序的入门教学载体,主要让学生掌握中望 2 轴加工工序中螺旋加工和轮廓加工的应用,掌握加工参数的含义,会设置对应参数与机床参数,编制零件的 2 轴加工程序。综合以上考虑,拟定如表 2.1.1 所示的加工工艺流程。

表 2.1.1 加工工序表

工序	工序内容	S/(r/min)	F/(mm/min)	Ap/mm	T	余量/mm	说明
1	螺旋粗铣外形轮廓	2800	3000	0.25	D12 平铣刀	侧面 0.25 底面 0.15	
2	螺旋粗铣太极半台阶	3500	2000	0.23	D8 平铣刀	侧面 0.25 底面 0.15	
3	精铣 φ140 圆外侧轮廓	3400	2000	0.3	D12 平铣刀	底面 0.10	
4	精铣太极半台阶侧壁轮廓	3400	2000	0.3	D12 平铣刀	底面 0.10	
5	精铣工件轮廓底面	3400	2500	7	D12 平铣刀	0	其中 Ap 表示侧向步长
6	精铣太极半台阶底面	3400	2500	7	D12 平铣刀	0	其中 Ap 表示侧向步长
7	粗铣两个 φ20 圆孔	3500	2000	0.2	D8 平铣刀	侧面 0.25 底面 0.15	
8	精铣两个 φ20 圆孔侧壁	4000	1500	0.15	D8 平铣刀	底面 0.1	
9	精铣两个 φ20 圆孔底面	4000	1500	4	D8 平铣刀	0	其中 Ap 表示侧向步长

表 2.1.2 列出中望 3D 编程步骤。

表 2.1.2 中望 3D 编程步骤

序号	工序内容	刀路简图
1	螺旋粗铣外形轮廓 (螺旋切削 1)	
2	螺旋粗铣太极半台阶 (螺旋切削 2)	
3	精铣 φ140 圆外侧轮廓 (轮廓切削 1)	
4	精铣太极半台阶侧壁轮廓 (轮廓切削 2)	
5	精铣工件轮廓底面 (螺旋切削 3)	

(续表)

序号	工序内容	刀路简图
6	精铣太极半台阶底面 (螺旋切削 4)	
7	粗铣两个φ20圆孔 (螺旋切削 5、6)	
8	精铣两个φ20圆孔侧壁 (轮廓切削 3、4)	
9	精铣两个φ20圆孔底面 (螺旋切削 7、8)	

【任务实施】

1) 创建加工零件。打开桌面"中望 3D"快捷方式，选择"新建"，如图 2.1.2 所示。"类型"选择"加工方案"，"模板"选择"默认"，命名为"二维加工 2-1.Z3"，如图 2.1.3 所示。单击"确定"，进入加工界面。

图 2.1.2　选择"新建"

图 2.1.3　选择加工方案并命名

2) 调入几何体。选择"几何体"(见图 2.1.4)，然后单击"打开"命令，选择存放对应文件的目录，选择需要编程的三维文件，单击"确定"调入几何体(图 2.1.5)。

图 2.1.4　调入几何体

图 2.1.5　调入几何体

☆**注意**

在调入几何体时，一定要注意三维造型零件的当前激活坐标系与实际加工的坐标系相一致。若不一致，最好在三维造型里面将其移动到相一致。

3) 添加坯料。选择"添加坯料"选项卡(见图 2.1.6)中的"长方体"命令，坯料参数设置如图 2.1.7 所示。

图 2.1.6　添加坯料

图 2.1.7　坯料设置参数

4) 设置刀具。选择"刀具"选项卡，依据加工工艺的安排表格，设置 D12 平刀(见图 2.1.8)和 D8 平刀(见图 2.1.9)。

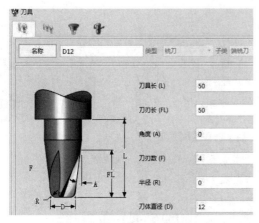

图 2.1.8　创建 D12 平刀

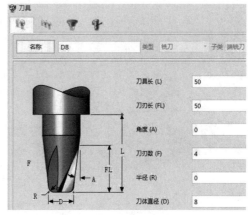

图 2.1.9　创建 D8 平刀

☆说明

(1) 数控铣刀的种类。

在数控铣床上使用的刀具主要分成立铣刀、球刀、盘刀、圆鼻刀(牛鼻刀)、铰刀、镗刀、钻头(包括中心钻)、扩孔刀、丝锥等刀具，根据加工对象的不同又分成三种。①平面与轮廓加工类刀具，如盘刀、立铣刀、端铣刀等(图 2.1.10)；②加工孔类，如铰刀、镗刀、钻头(包括中心钻)、扩孔刀、丝锥等(图 2.1.11)；③加工曲面类，如球刀、圆鼻刀(牛鼻刀)等(图 2.1.12)。在选择刀具时，要依据工艺规程选择对应的刀具，还要考虑加工零件的材质与热处理，不同的材质与热处理所采用的刀具材料是不同的。

(2) 数控铣刀的选择原则。

① 考虑零件的结构工艺性，特别是加工深度与型腔 R 角，首先零件的加工深度决定了刀具的伸长量，伸长量对刀具的加工刚性影响很大，一般经验是刀具的伸长量不大于 7 倍的刀具直径，特别是 10mm 以下的刀具，尽可能选择大刀具，从而提高加工刚性；另一方面受零件的型腔 R 角限制，要尽可能选择小直径的刀具，保证加工到位。一般情况下，要求刀具直径比型腔 R 角小；如果型腔 R 角太小，超出正常加工范围，要考虑其他加工工艺，如电火花、线切割等。

② 选择大盘刀加工或大背吃刀量加工时，要考虑加工机床的主轴功率问题，保证加工过程不会超出主轴最大负荷，防止因扭矩不够导致数控系统抱闸。盘刀的直径也不能够选择太大。

③ 使用圆鼻刀和球刀时，要求零件上的曲面和 R 角的曲率半径大于刀具的曲率半径，才能保证加工到位。

④ 粗加工时，采用刃数较少的刀具，可节约加工成本，延长刀具寿命。精加工时，采用刃数较多的刀具，加工平稳，加工精度高。不过，粗加工有时也可采用较多刃数的刀具来提高加工效率。

5) 粗铣外形轮廓(螺旋切削 1)。选择"2 轴铣削"选项卡中的"螺旋"命令(图 2.1.13)。特征选择"轮廓 1"(图 2.1.14)和"轮廓 2"(图 2.1.15)。

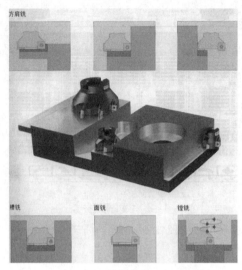

图 2.1.10　平面与轮廓类刀具

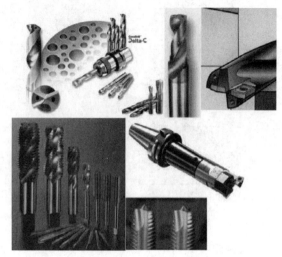

图 2.1.11　孔类加工刀具

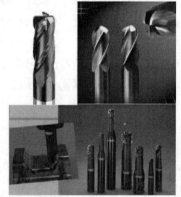

图 2.1.12　曲面类加工刀具

图 2.1.13　2 轴螺旋铣的选择

图 2.1.14　轮廓 1

图 2.1.15 轮廓 2

☆说明

螺旋切削工序是一种平面铣(区域清理)或型腔铣技术,在每一个不同深度推进刀具,使其远离或朝向零件边界。

6) 进给与转速设置。选择"工序"选项卡的"参数"命令,再选择"主要参数"(图 2.1.16),然后选择"速度,进给"(图 2.1.17)。依据拟定的工艺参数,设置对应粗、精加工的速度与进给。

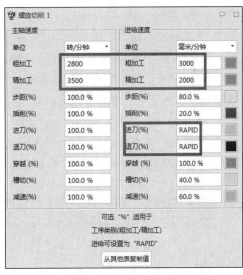

图 2.1.16 选择参数　　　　图 2.1.17 选择主轴速度和进给速度

7) 设置主要的参数。选择"工序"选项卡的"参数"命令,再选择"主要参数",参数设置情况如图 2.1.18 所示。其中刀具位置选择"在零件上,与孤岛相切","类型"选择"绝对","顶部"选择零件最高点,"底部"选择零件底面任意点(如图 2.1.19 所示)。

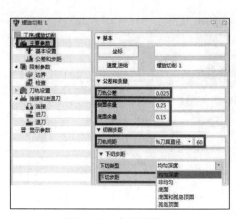

图 2.1.18　主要参数

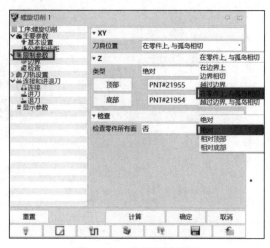

图 2.1.19　限制参数设置

☆说明

(1) "刀轨公差"使用默认值,"侧面余量"与"底面余量"按工序表给定。

(2) "刀轨间距"指的是侧向步长,可以有三种给定方式。一是"绝对值"方式,直接输入给定的侧向步长,单位为 mm;二是"%刀具直径",按所选择的刀具%来给定,默认为 60%;三是按"刀痕高度"给定,计算刀具到该刀痕高度之间的距离。

(3) "下切类型"共有 5 种(如图 2.1.20)。

① 第一种"均匀深度"从区域的顶部开始计算,每加工层的厚度都一样,如果最后余量不足一层,按一层加工。

② 第二种"非均匀"的第一刀使用第一次 Z 字型切削,在切削区域最低点的上方使用最后一次 Z 字型切削,然后为剩下的切削深度均匀地划分切削区域。其中"下切步距"为每次背吃刀量,"最小切深"为控制刀具最小背吃刀量,"第一切深"为第一次进刀加工深度,"最后切深"为最后一刀加工深度(如图 2.1.21)。

③ 第三种"底面"在切削区域的最低深度走刀一次。

④ 第四种"底面和孤岛顶面"类似于仅底面,但它还会为每个岛屿的顶面作一次切削。

⑤ 第五种"孤岛顶面"在每个岛屿顶面的深度处作一次切削。

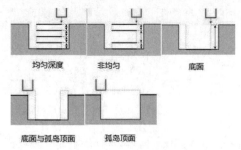

图 2.1.20　5 种下切类型

图 2.1.21　非均匀参数

(4) "下切步距"指背吃刀量。

(5) "刀具位置"参数决定刀具相对于零件或孤岛曲线的位置,共有五种状态(如图 2.1.22)。

(6) "类型"指定加工的坯料范围,共有三种类型(如图 2.1.23)。"绝对"类型可选择两个 Z 的坐标点来限制加工范围。"相对顶部"表示以顶面为参考面，"深度"表示参考面以下的加工量，"顶部余量"表示顶面以上的加工余量。"相对底部"表示以底面为参考面。三种类型的参数设置如图 2.1.24 所示。

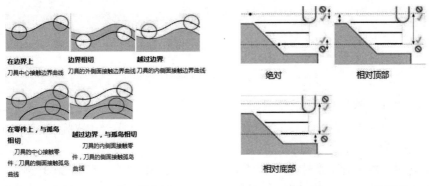

图 2.1.22　5 种刀具位置　　　　　　　　　　　图 2.1.23　3 种类型

(7) 检查零件所有面，选择"是"。在计算刀轨时会考虑已创建的零件特征(不管零件特征是否已添加到该工序)，以免刀具与零件特征发生碰撞。

图 2.1.24　3 种类型参数设置

8) 刀轨设置。选择"工序"选项卡的"参数"命令，再选择"刀轨设置"，参数设置情况如图 2.1.25 所示。其中"刀轨样式"选择"逐步向外"，"允许抬刀"选择"是"，"区域内抬刀"选择"否"，"清刀刀轨"中的清边方式选择"按加工层切削"。

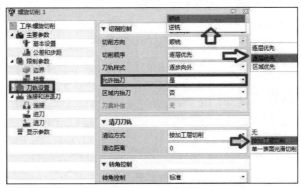

图 2.1.25　刀轨设置

☆说明

(1) 切削方向有两种选择，分别是"顺铣"和"逆铣"，所谓"顺铣"指的是刀具旋转方向与进给方向一致。反之为"逆铣"(图 2.1.26)，"逆铣"由材料的已加工表面切入，加工过程由软到硬，不易崩刀，摩擦较小，可以增加刀具寿命，切削过程有向上的分力，加工过程振动较大，表面较粗糙，一般情况下用于粗加工。"顺铣"由材料的未加工表面切入，加工过程由硬到软，容易崩刀，切削过程有向下的分力，利于装夹，加工过程平稳，表面粗糙度较好，一般情况下用于精加工。

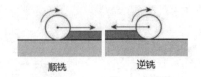

图 2.1.26　顺铣、逆铣

(2) 切削顺序有两种选择，分别是"逐层优先"和"区域优先"。"逐层优先"在进入下一层之前，移除一层(Z深度)的所有材料；"区域优先"在进入下一区域前，移除一个边界区域(所有深度)的所有材料。如图 2.1.27 所示。

(3) 清边方式有三种，分别是"无""按加工层切削"和"单一表面光滑切削"。"无"不创建最终清理轨迹；如果切削刀具刀刃的长度不足(即比切削深度要短)，"按加工层切削"将按切削深度参数定义的加工层，来执行边界清理切削。"单一表面光滑切削"执行一个单独的精加工。如图 2.1.28 所示。

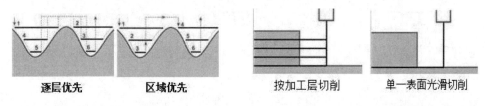

图 2.1.27　切削顺序　　　　　　　　　　图 2.1.28　清刀刀轨类型

9) 连接和进退刀。选择"工序"选项卡的"参数"命令，再选择"连接和进退刀"，进行参数设置。其中"进退刀模式"选择"智能"，"连接类型"选择"安全平面"，"进刀方式"选择"自动"，其余参数如图 2.1.29 所示。

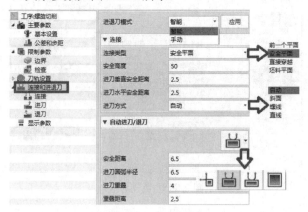

图 2.1.29　连接和进退刀

☆说明

(1) "进退刀模式"有两种，分别为"智能"和"手动"。"智能"模式在所有区域连接中(除直接连接外)，将向下一个起始点最短的 2 轴移动刀具，如果此移动被零件边界中断，则将遵从边界以防止过切零件。"手动"模式可由编程人员设置连接参数与进退刀，如图 2.1.30 所示，其中短连接方式有 5 种，分别是"在曲面上""下切步距""样条曲线""相对高度"和"安全高度"。"在曲面上"短连接时沿曲面 G01 移动；"下切步距"将刀具提升最小距离以避免过切，并选择到下一个切削的穿过空中的最短路径(G00 移动)；"样条曲线"创建从一个切削终点到下一个切削的几何连续的光滑样条过渡。该参数在时间方面是可选的，在距离方面是必选的，因为它允许刀具以更快的速度持续移动；"相对高度"和"安全高度"指的是刀具提高一个"相对高度"或者"安全高度"穿越到下一加工区域(G00 移动)。"长连接方式"只有"相对高度"和"安全高度"两种方式，含义与短连接方式一样(G00 移动)。"% 短连接界限"用刀具步距的%来界定长、短连接方式。"安全距离"是设置 G00 与 G01 转换的平面。"%样条线曲线的曲率"用来设置样条线的曲率半径范围，仅用于样条线曲线的连接运动。

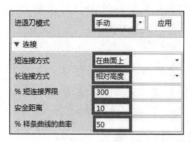

图 2.1.30　连接类型

(2) "连接类型"共有四种，分别为"前一个平面""安全平面""直接穿越"和"坯料平面"，如图 2.1.31 所示。"前一个平面"运刀的时候(非切削时)，使刀在刚切削的区域加上"进刀垂直安全距离"的深度内运动。"安全平面"始终提升至设置的安全平面。"直接穿越"直接应用到下一刀开端，这是可能过切零件的唯一选项。"坯料平面"将刀具提升到当前区域加上进刀垂直安全距离的顶部。

(3) "安全高度"指水平方向的安全距离。

(4) "进刀垂直安全距离"与"进刀水平安全距离"如图 2.1.32 所示。

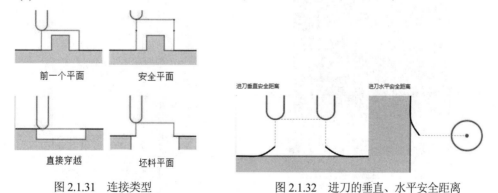

图 2.1.31　连接类型　　　　　图 2.1.32　进刀的垂直、水平安全距离

(5) "进刀方式"有四种。"自动"指的是自动确定插入类型；"斜面"指的是刀具斜插到进刀垂直安全距离的位置；"螺线"指的是定义一个螺旋进刀运动；"直线"指的是定义一个直线进刀运动。

(6) "自动进刀/退刀"方式在 2 轴螺旋加工中有四种选择,"线性"添加一个线性进刀;"圆弧"参数添加一个圆弧进刀;"圆弧、线性"添加的动作将垂直于进退刀动作的切线矢量,线段的长度由"进刀水平安全距离"参数控制,它是一个由"进刀圆弧半径"参数定义的 90°圆弧(如图 2.1.33);"无"不添加进刀/退刀运动过程中的进刀方式。

图 2.1.33　进退刀模式

(7) "安全距离"参数是刀具与实际零件曲面的最安全线性距离。

(8) "进刀圆弧半径"参数指定了进刀弧长半径。仅当进刀、退刀设置为"圆弧"或"圆弧、线性"时才使用。

(9) "进刀重叠"指当沿着零件边界切削闭合环时,为了获得平滑零件曲面而设置的重新切削距离。此距离的一半以进刀速度添加在切削的开头,另一半以退刀速度添加在切削的末尾处。

(10) 最后一个参数是"重叠距离"。通常,当刀具运动到下一个切削时,都会走一个直线轨迹。如果定义了重叠距离,那么在这个零件边界的范围内,每一刀的自动进刀退刀顺序都会添加好,以确保精加工。

10)　计算与仿真。选择"参数"选项卡的"计算"命令,完成程序的计算。"实体仿真"结果与参数如图 2.1.34 和图 2.1.35 所示。

图 2.1.34　主要参数设置

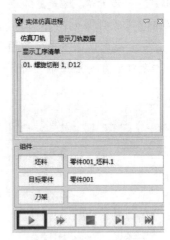

图 2.1.35　刀轨设置

11)　螺旋粗铣太极半台阶(螺旋切削 2)。选择"2 轴铣削"选项卡的"螺旋"命令,刀具选择 D8,特征选择"轮廓 3"(图 2.1.36)。参数设置如图 2.1.37~图 2.1.40 所示,结果如图 2.1.41所示。

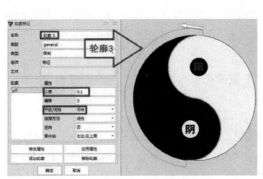

图 2.1.36 选择轮廓 3

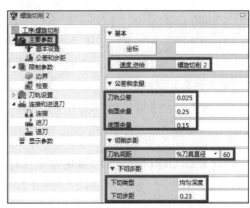

图 2.1.37 主要参数设置

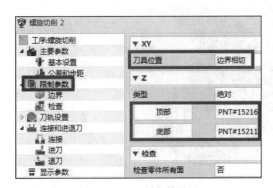

图 2.1.38 限制参数设置

图 2.1.39 刀轨设置

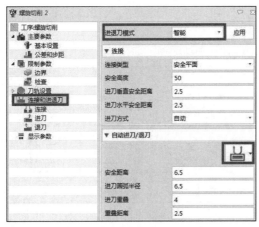

图 2.1.40 连接和进退刀

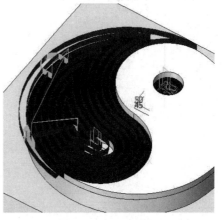

图 2.1.41 刀路结果

☆说明

(1) 由于"刀具位置"选择"边界相切"，所以对加工部分的太极半台阶所在轮廓的外部边缘进行偏移，偏移的大小只要能够保证外轮廓毛坯能够被全部切除掉即可，也不要太大，保证加工效率。

(2) 主要切削参数依据工艺规程中所规定的参数设置，"刀轨样式"选择"逐步向外"避免过切，其余参数使用系统默认值。

12) 精铣 ⌀140 圆外侧轮廓(轮廓切削 1)。选择"2 轴铣削"选项卡的"轮廓"命令，选取 D12 铣刀，特征选择"轮廓 2"(如图 2.1.42)。重要参数设置如图 2.1.43~图 2.1.46 所示，结果如图 2.1.47 所示。

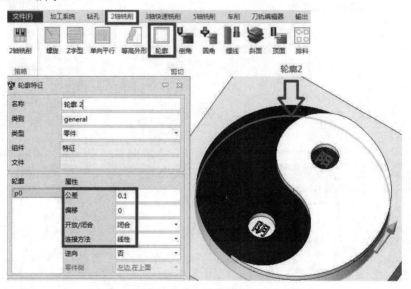

图 2.1.42　选择轮廓 2

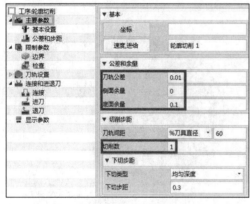

图 2.1.43　主要参数

图 2.1.44　限制参数

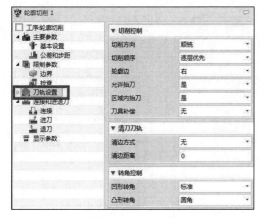 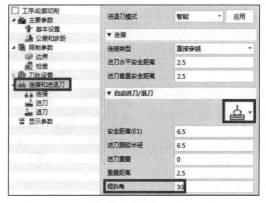

图 2.1.45 刀轨设置　　　　　　　　　图 2.1.46 连接和进退刀

图 2.1.47 精加工结果

☆说明：

(1) "底面余量"为 0.1。为保证底面的精加工余量均匀，预留 0.1 底面精加工余量。

(2) "切削数"指定切削的总个数(仅限于轮廓和倒角切削)，指的是加工轮廓时，侧壁分几层加工(见图 2.1.48)。

(3) 对于斜面切削工序，"倾斜角"参数(以度计)用作一个切角来控制刀轨，如图 2.1.49 所示。

  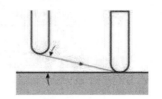

切削数为：5　　　　　　　　切削数为：1

图 2.1.48 切削数　　　　　　　　　图 2.1.49 倾斜角

13) 精铣太极半台阶侧壁轮廓(轮廓切削 2)。选择"2 轴铣削"选项卡的"轮廓"命令，刀具选择 D12，特征选择"轮廓 5"(如图 2.1.50)，参数设置如图 2.1.51~图 2.1.54 所示，结果如图 2.1.55 所示。其余参数按默认值设置。

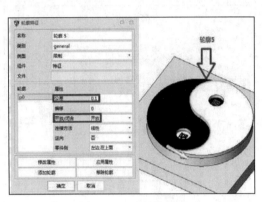

图 2.1.50　选择轮廓 5

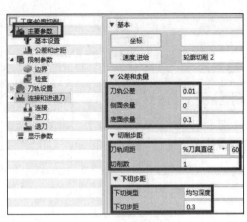

图 2.1.51　主要参数

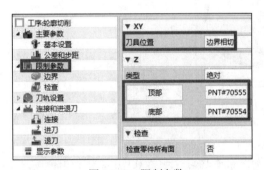

图 2.1.52　限制参数

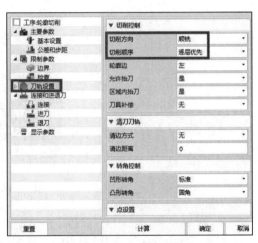

图 2.1.53　刀轨设置

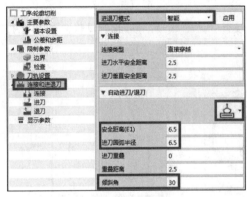

图 2.1.54　连接和进退刀

图 2.1.55　加工结果

14) 精铣工件轮廓底面(螺旋切削 3)。选择"2 轴铣削"选项卡中的"螺旋"命令，刀具选择 D12，特征选择"轮廓 1"和"轮廓 2"，加工参数按加工工序表里的参数设置，其余参数设置如图 2.1.56～图 2.1.59 所示，结果如图 2.1.60 所示。

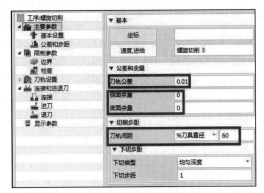

图 2.1.56 主要参数设置

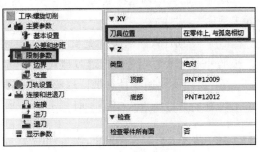

图 2.1.57 限制参数设置

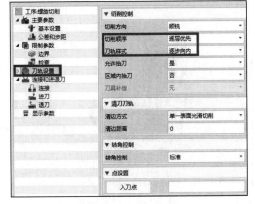

图 2.1.58 刀轨设置

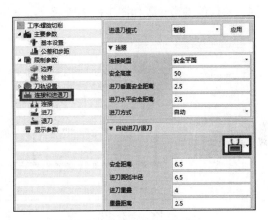

图 2.1.59 连接和进退刀设置

图 2.1.60 刀路结果

☆说明

(1) "主要参数"中的"刀轨公差"默认为 0.025mm，在精加工中改为 0.01mm。

(2) 由于加工的是底面，可以适当降低刀轨间距，增加重合度，提高表面质量。

(3) "刀具位置"选择"边界相切"。

(4) "限制参数"中的"类型"选择"绝对","顶部"与"底部"的坐标均选择底面的 Z 坐标,这样就可以保证仅加工底面。

图 2.1.61 工序类别

(5) "刀轨样式"选择"逐步向内",这样使得刀具从加工板的外部切入,避免内部进刀造成冲击。

(6) 工序类别选择精加工,这样才会调用该刀具的精加工主轴速度与进给速度(图 2.1.61)。

15) **精铣太极半台阶底面(螺旋切削 4)。**选择"2 轴铣削"选项卡的"螺旋"命令,刀具选择 D12,特征选择"轮廓 3"(与步骤 11 选择的特征一样),其余加工参数与步骤 14 基本相同。不同的参数设置如图 2.1.62 所示,结果如图 2.1.63 所示。

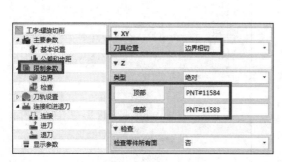

图 2.1.62 限制参数

图 2.1.63 刀路结果

☆说明

(1) "刀具位置"选择"边界相切"。

(2) "类型"选择"绝对","顶部"和"底部"均选择台阶底面。

16) **粗铣两个ϕ20 圆孔(螺旋切削 5、6)。**由于两个孔的加工深度不一样,在 2 轴铣削加工中要分两道工序加工,除了轮廓与高度限制参数以外,其余参数均不变。下面只列出螺旋切削 5 的参数(与工序螺旋切削 6 类似)。选择"2 轴铣削"选项卡的"螺旋"命令,刀具选择 D8,特征选择"轮廓 6",参数设置如图 2.1.64~图 2.1.66 所示,结果如图 2.1.67 所示。

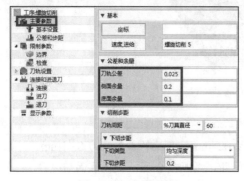

图 2.1.64 主要参数

图 2.1.65 限制参数

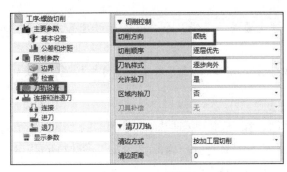

图 2.1.66　刀轨设置

图 2.1.67　两个孔的粗加工刀路

17) 精铣两个 φ20 圆孔侧壁(轮廓切削 3、4)。 由于两个孔的加工深度不一样,在 2 轴铣削加工中要分两道工序加工。除了轮廓与高度限制参数以外,其余参数均一样。下面只列出轮廓切削 3 的主要参数(与工序轮廓切削 1 类似),选择"2 轴铣削"选项卡的"轮廓"命令,刀具选择 D8,"特征"选择"轮廓 6",参数设置如图 2.1.68~图 2.1.70 所示,结果如图 2.1.71 所示。

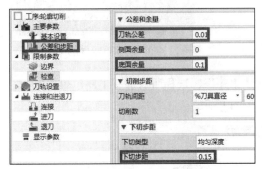

图 2.1.68　公差与步距设置

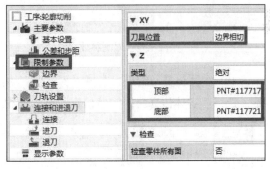

图 2.1.69　限制参数设置

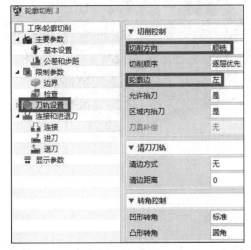

图 2.1.70　刀轨设置

图 2.1.71　刀路结果

☆说明

(1) 将"下切步距"设置为 0.2mm，这主要是为了满足加工表面的精度和刀具的刚性要求。

(2) "切削方向"因为是精加工，所以选择"顺铣"，由于加工轮廓方向按逆时针旋转，所以轮廓边选择"左"，避免过切。

18) 精铣两个 φ20 圆孔底面(螺旋切削 7、8)。选择"2 轴铣削"选项卡的"螺旋"命令，刀具选择 D8，特征选择"轮廓 6"(与步骤 17 的特征选择一样)，其余加工参数与步骤 14 基本相同，不同的参数设置如图 2.1.72 所示，结果如图 2.1.73 所示。

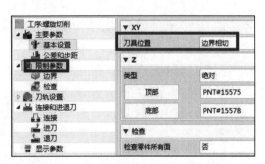

图 2.1.72　限制参数

图 2.1.73　刀路结果

19) 实体仿真与结果。选择"管理器"中的"工序"，选择所有加工工序，单击鼠标右键，选择"实体仿真"，实体仿真与结果如图 2.1.74 所示。

图 2.1.74　仿真与仿真结果

20) 设置加工设备。选择"管理器"中的"设备"，双击鼠标左键，进入如图 2.1.75 所示的"设备管理器"页面，"类别"选择"3 轴机械设备"，"子类"选择"旋转头"，"后置处理器配置"选择 ZW_Fanuc_3X，最后单击"确定"。

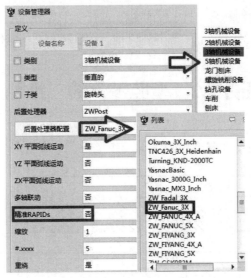

图 2.1.75　设备管理器

21) 后置处理。选择"管理器"中的"工序"，单击鼠标左键，在下拉菜单中选择"输出"，"输出"的子菜单中选择"输出所有 NC"，如图 2.1.76 所示，后置处理完毕的程序如图 2.1.77 所示。

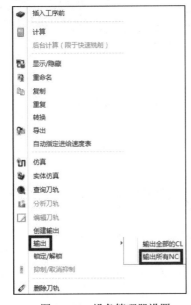

图 2.1.76　设备管理器设置

图 2.1.77　后置处理的程序

【任务小结】

本任务主要通过一个包含外轮廓、台阶面、孔的板类凸模零件，分析其加工工艺，通过中望 3D 软件的 2 轴铣削功能，给定加工参数，设置加工刀具，选择加工设备种类，进行后置处理并完成加工。通过对该案例的工艺分析，解释了数控铣刀的结构与种类，分析了如何选择刀具，阐明了切削参数和中望 3D 的工艺参数设置问题，充分体现通过中望 3D 的 2 轴铣削是如何进行编程的(特别是凸模类零件的编程)，让学生理解加工工序参数的含义，懂得加工工艺，并能应用中望 3D 软件的 2 轴铣削功能，编制板类凸模零件的加工程序。

任务 2.2　型腔零件的二维加工

图 2.2.1 显示了加工零件图。

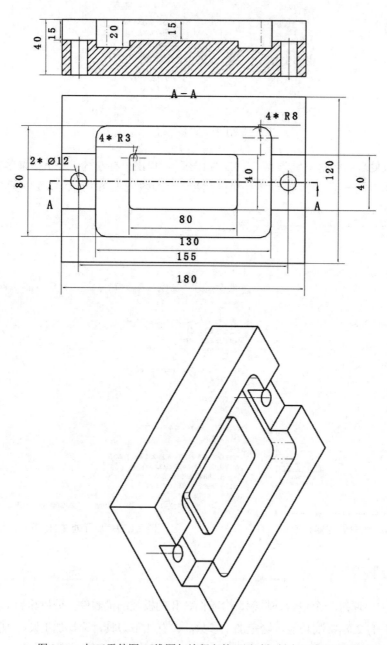

图 2.2.1　加工零件图(三维图与编程文件可通过扫封底二维码下载)

【任务目标】

1. 理解中望 2 轴铣削内型腔类编程的一般流程、对应参数的含义及使用；
2. 理解中望 2 轴铣削在加工型腔时的注意事项和对应参数的设置；
3. 掌握数控铣削加工型腔时刀具的选择原则；
4. 掌握 2 轴铣削加工工序中的 Z 字型平行切削和钻孔指令的应用；
5. 懂得 2 轴铣削加工参数的优化，根据实际加工的需要进行编程；
6. 进一步理解 2 轴铣削加工不同加工策略的含义，会根据实际要求选择加工策略。

【任务分析】

中望 3D 的 2 轴加工策略能够加工规则的型腔结构，可以钻孔、攻牙，可以加工型腔壁及倒角。从任务图纸上可以看出这是一个包含型腔、型腔内凸台、孔及内壁的平面板类零件，是数控铣床常见的加工内容，结构相对简单，没有不规则结构，适合 2 轴铣削加工。从图纸本身出发，零件图纸并没有标注尺寸公差与形位公差，也没有技术要求，按照一般的模具加工要求进行，主要让学生掌握中望 2 轴加工工序对规则型腔结构的应用，掌握加工参数的含义，会设置对应参数与机床参数，实现零件的 2 轴铣削编程与加工，综合以上考虑，拟定如表 2.2.1 所示的加工工艺流程。

表 2.2.1 加工工序表

工序	工序内容	S/(r/min)	F/(mm/min)	Ap/mm	T	余量/mm	说明
1	粗铣工件加工轮廓 (螺旋切削 1)	2800	3000	0.28	D16R0.8 牛鼻刀	侧面余量 0.25 底面余量 0.15	
2	粗铣工件剩余加工轮廓 (螺旋切削 2)	2800	3000	0.28	D16R0.8 牛鼻刀	侧面余量 0.25 底面余量 0.15	粗铣第 1 道工序剩余坯料
3	精铣工件型腔侧壁 (轮廓切削 1)	3500	2500	0.3	D12 平铣刀	0	
4	精铣工件岛屿侧壁 (轮廓切削 2)	3500	2500	0.3	D12 平铣刀	0	
5	精铣工件两侧耳室侧壁 (轮廓切削 3)	3500	2500	0.3	D12 平铣刀	0	
6	精铣型腔底面 (螺旋切削 3)	3500	1500	0.15	D16R0.8 牛鼻铣刀	0	
7	精铣岛屿顶面 (Z 字型平行切削 1)	3500	1500	0.15	D16R0.8 牛鼻刀	0	
8	精铣工件两侧耳室底面 (螺旋切削 4)	3500	1500	0.15	D16R0.8 牛鼻刀	0	

(续表)

工序	工序内容	S/(r/min)	F/(mm/min)	Ap/mm	T	余量/mm	说明
9	使用中心钻点钻φ12孔中心点(中心钻1)	2000	60	0	φ5 中心钻	0	最大切削深度为3
10	使用φ12 麻花钻切削φ12 孔(普通钻1)	480	60	0	φ12 麻花钻	0	最大切削深度为 25，穿过深度为3

表 2.2.2 列出了中望 3D 编程步骤。

表 2.2.2　中望 3D 编程步骤

序号	工序内容	刀路简图
1	粗铣工件加工轮廓 (螺旋切削 1)	
2	粗铣工件剩余加工轮廓 (螺旋切削 2)	
3	精铣工件型腔侧壁 (轮廓切削 1)	
4	精铣工件岛屿侧壁 (轮廓切削 2)	

(续表)

序号	工序内容	刀路简图
5	精铣工件两侧耳室侧壁 (轮廓切削 3)	
6	精铣型腔底面 (螺旋切削 3)	
7	精铣岛屿顶面 (Z 字型平行切削 1)	
8	精铣工件两侧耳室底面 (螺旋切削 4)	
9	使用中心钻点钻 φ12 孔中心点(中心钻 1)	

（续表）

序号	工序内容	刀路简图
10	使用φ12麻花钻切削φ12孔(普通钻1)	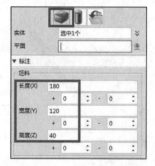

【任务实施】

1) **创建加工零件。**步骤见任务 2.1 中的"创建加工零件"，命名为"二维加工 2.2"并单击"确定"。

2) **调入几何体。**步骤见任务 2.1 中的"调入几何体"。

3) **添加坯料。**选择"添加坯料"选项卡的"长方体"命令，坯料参数设置如图 2.2.2 所示。

4) **设置刀具。**选择"刀具"选项卡，依据加工工艺的安排表格，设置 D16R0.8 牛鼻刀(图 2.2.3)、D12 平刀(图 2.2.4)和 Z5 中心钻(图 2.2.5)。

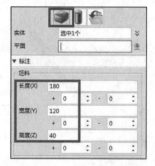

图 2.2.2　坯料设置参数

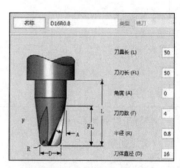

图 2.2.3　D16R0.8 参数设置

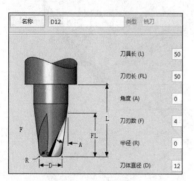

图 2.2.4　创建 D12 平刀

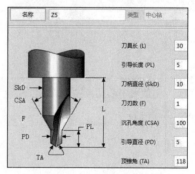

图 2.2.5　Z5 中心钻

☆说明

依据原则选择刀具，还要根据实际企业的情况，尽量选择现有的、通用的刀具。

5) 粗铣上层内轮廓及两边通槽(螺旋切削1)。 选择"2轴铣削"选项卡的"螺旋"命令。特征选择"轮廓1"(图2.2.6)。

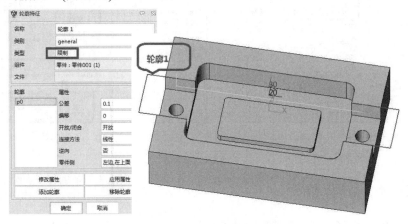

图 2.2.6　选择"轮廓1"

☆说明

(1) 由于是型腔加工，在参数设置的"边界"中，参数"刀具位置"要求选择"边界相切"，刀具才不会过切，但是两边通槽的毛坯加工不到位(如图2.2.7)，所以轮廓要进行延伸，以保证刀具能够完全将所有毛坯加工完，由于刀具直径为16mm，所以在草图里面将边界延伸15mm (理论上大于刀具半径即可)。

(2) 在加工模块中，草图的绘制与编辑如图2.2.8所示，可对在加工过程中所画的草图进行编辑。

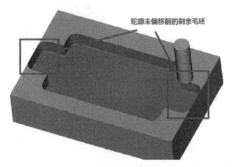

图 2.2.7　未偏移轮廓仿真结果

图 2.2.8　草图的编辑界面

6) 进给与转速设置。 选择"工序"选项卡的"参数"命令，选择"主要参数"中的"速度，进给"，依据拟定的工艺参数，设置对应粗、精加工的主轴速度和进给速度。

7) 设置主要、限制参数。 选择"工序"选项卡的"参数"命令，选择"主要参数"和"限制参数"。参数设置情况如图2.2.10和图2.2.11所示。其中"刀轨间距"选择"绝对值"，值为9mm，"刀具位置"选择"边界相切"，"类型"选择"绝对"，"顶部"选择零件最高点，"底部"选择零件通槽底面任意点。

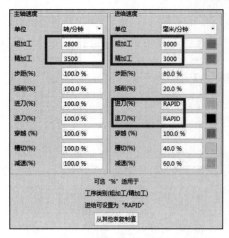

图 2.2.9　设置主轴速度和进给速度

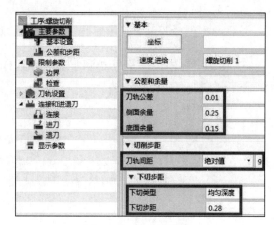

图 2.2.10　主要参数

☆**注意**

"刀具位置"选择"边界相切"。

8) 刀轨设置。 选择"工序"选项卡的"参数"命令,选择"刀轨设置",参数设置情况如图 2.2.12 所示,其中"刀轨样式"选择"逐步向外","转角控制"选择"标准"。

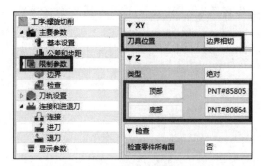

图 2.2.11　限制设置

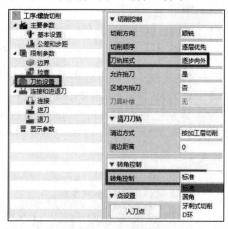

图 2.2.12　刀轨设置

☆**说明**

转角控制主要有四种模式,分别为"标准""圆角""牙刺式切削""D 环",如图 2.2.13 所示。

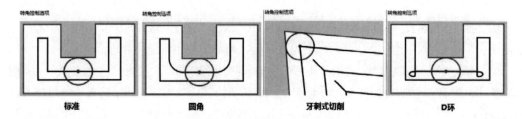

图 2.2.13　四种转角控制方式

- "标准"：插入一个简单的刀具方向的变化
- "圆角"：对两个相连的段，如"线、线""线、圆弧""圆弧、线"或"圆弧、圆弧"，如果这两段不是对着墙的，用当前步长作为半径进行圆角操作。如果两段中的任何一段对于圆角太短，取步长的一半作为半径再进行两次尝试。如果两段连接足够光滑，不需要圆角操作。用此选项可创建较光顺的刀位轨迹。
- "牙刺式切削"：当步距大于刀具直径的50%时，插入一个清除切削之间材料的运动。
- "D环"：插入圆弧运动束转变刀具方向(远离零件边界)。

9) **连接和进退刀**。选择"工序"选项卡中的"参数"命令，选择"连接和进退刀"，进行参数设置，其中"进退刀模式"选择"智能"，"连接类型"选择"安全平面"，其余参数如图 2.2.14 所示，结果如图 2.2.15 所示。

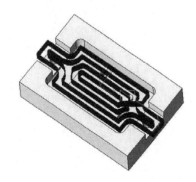

图 2.2.14　连接和进退刀　　　　　　　　图 2.2.15　编程结果

10) **计算与仿真**。选择"参数"选项卡的"计算"命令，完成程序的计算，选择"实体仿真"，仿真结果与参数如图 2.2.16 所示。

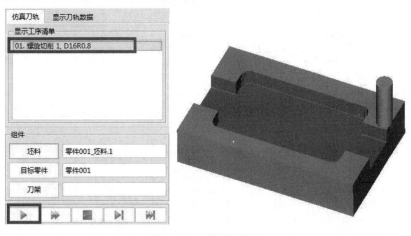

图 2.2.16　仿真及结果

11) **粗铣工件剩余加工轮廓(螺旋切削 2)**。选择"2 轴铣削"选项卡的"螺旋"命令，刀具选择 D16R0.8，特征选择"轮廓 2"(图 2.2.17)和"轮廓 3"(图 2.2.18)。参数设置如图 2.2.19~图 2.2.22 所示。

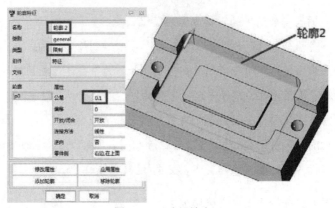

图 2.2.17　选择轮廓 2

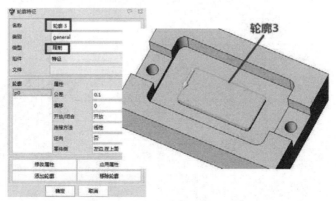

图 2.2.18　选择轮廓 3

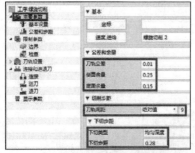

图 2.2.19　主要参数设置

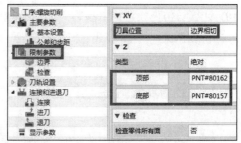

图 2.2.20　限制参数设置

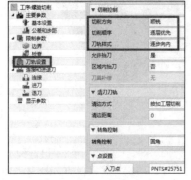

图 2.2.21　刀轨设置

图 2.2.22　连接和进退刀

☆说明

工序 1 和工序 2 之所以要分开，是由于加工轮廓不一致。2 轴加工并不判断曲面，只要轮廓不一致，就要分工序进行编程，这也是 2 轴加工不如 3 轴加工智能的地方。

12) 精铣工件型腔侧壁(轮廓切削 1)。选择"2 轴铣削"选项卡的"轮廓"命令，选取 D12 铣刀，特征选择"轮廓 2"，重要参数设置如图 2.2.23～图 2.2.26 所示。

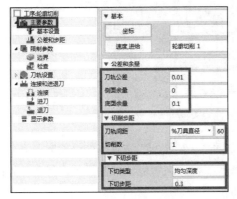

图 2.2.23　主要参数

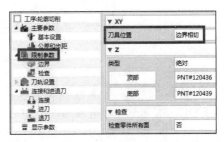

图 2.2.24　限制参数

图 2.2.25　刀轨设置

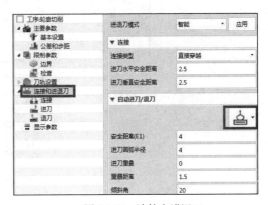

图 2.2.26　连接和进退刀

☆说明

(1) 底面留余量 0.1mm，为了保证底面的精加工余量均匀，所以预留 0.1mm 底面精加工余量。

(2) "限制参数"中刀具位置一定要选择"边界相切"，保证不会过切。

(3) 其余参数按默设置，如图 2.2.26 所示。

13) 精铣工件岛屿侧壁(轮廓切削 2)。选择"2 轴铣削"选项卡的"轮廓"命令，刀具选择 D12，特征选择"轮廓 3"，"限制参数"选择型腔凸台的顶面和底面，其余参数设置与"12—精铣工件型腔侧壁(轮廓切削 1)"一致，结果如图 2.2.27 所示。

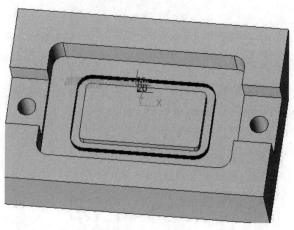

图 2.2.27　编程结果

14) 精铣工件两侧耳室侧壁(轮廓切削 3)。选择"2 轴铣削"选项卡的"轮廓"命令，刀具选择 D12，特征选择"轮廓 4"，加工参数按加工工序表里面的参数设置，其余参数设置如图 2.2.28～图 2.2.31 所示，结果如图 2.2.32 所示。

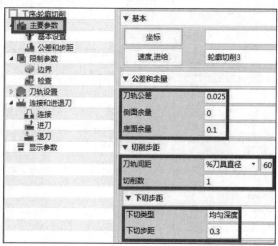

图 2.2.28　主要参数

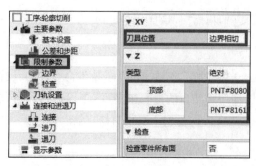

图 2.2.29　限制参数设置

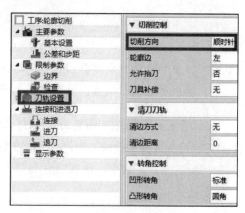

图 2.2.30　刀轨设置

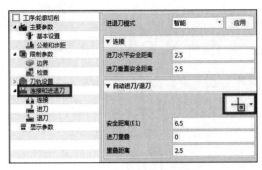

图 2.2.31 连接和进退刀设置

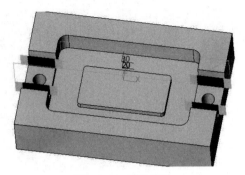

图 2.2.32 刀路结果

☆说明

"自动进刀/退刀"选择"直线"进刀方式。

15) 精铣型腔底面(螺旋切削 3)。 选择"2 轴铣削"选项卡中的"螺旋"命令，刀具选择 D16R0.8，特征选择"轮廓 2"与"轮廓 3"，参数设置如图 2.2.33～图 2.2.36 所示，结果如图 2.2.37 所示。

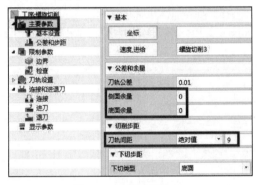

图 2.2.33 主要参数

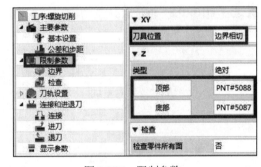

图 2.2.34 限制参数

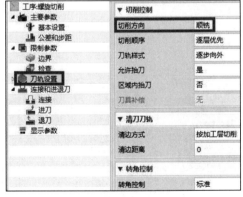

图 2.2.35 刀轨设置

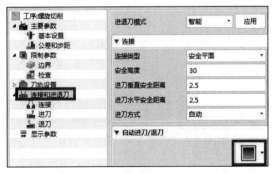

图 2.2.36 连接和进退刀

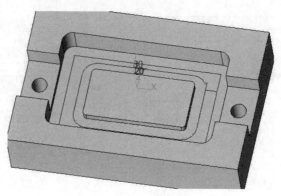

图 2.2.37　刀路结果

☆**说明**

(1) "主要参数"中的"刀轨间距"选择"绝对值",参数设置为 9mm。

(2) "刀具位置"选择"边界相切"。

(3) "限制参数"中的"类型"选择"绝对",其中"顶部"和"底部"均选择型腔底面。

16) 精铣岛屿顶面(Z 字型平行切削 1)。选择"2 轴铣削"选项卡的"Z 字型"命令,刀具选择 D16R0.8,特征选择"轮廓 3",参数设置如图 2.2.38~图 2.2.41 所示,结果如图 2.2.42 所示。

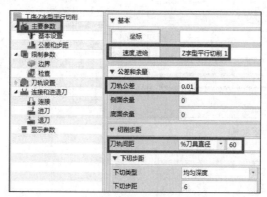

图 2.2.38　主要参数

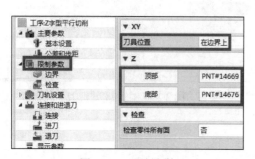

图 2.2.39　限制参数

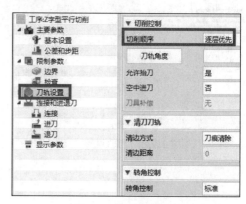

图 2.2.40　刀轨设置

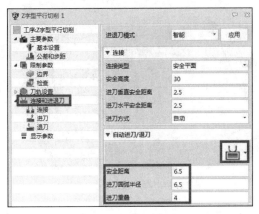

图 2.2.41 连接和进退刀

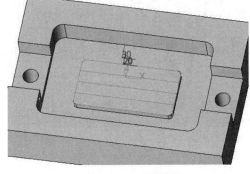

图 2.2.42 刀路结果

☆说明

(1) Z 字型平行切削是一种平面铣(区域清理)或型腔铣技术。该技术通过一系列的直线平行切削方式，在每一深度层推进刀具，且在每次切削尾端反转刀具方向。

(2) "限制参数"中的"刀具位置"选择"在边界上"。

17) 精铣工件两侧耳室底面(螺旋切削 4)。选择"2 轴铣削"选项卡的"螺旋"命令，刀具选择 D16R0.8，特征选择"轮廓 5"(图 2.2.43)，限制参数中的"顶部"和"底部"均选择耳侧底面，其余参数的设置参照"15—精铣型腔底面(螺旋切削 3)"，结果如图 2.2.44 所示。

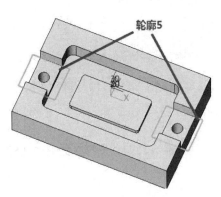

图 2.2.43 轮廓 5 的选择

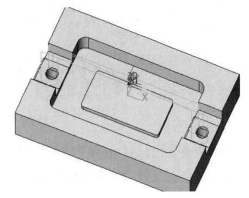

图 2.2.44 刀路结果

☆说明

轮廓 5 的两边依图进行适当的延伸以保证加工至全部面，延伸值大于加工刀具半径即可。

18) 打两个 φ12 中心孔。选择"钻孔"选项卡的"中心钻"命令，刀具选择 Z5(图 2.2.45)，特征选择"孔 1" (图 2.2.46)，参数设置如图 2.2.47~图 2.2.49 所示。

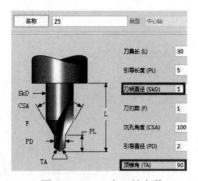

图 2.2.45　Z5 中心钻参数

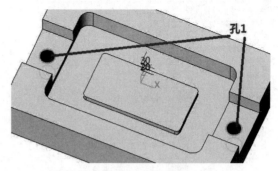

图 2.2.46　特征孔 1

图 2.2.47　主要参数

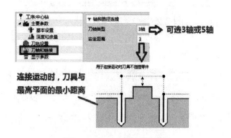

图 2.2.48　刀轴和链接

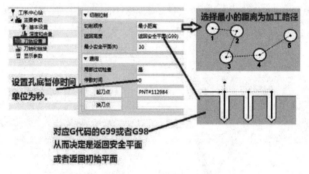

图 2.2.49　刀轨设置

19) 钻两个ϕ12孔。 选择"钻孔"选项卡的"普通钻"命令，刀具选择 Z12(图 2.2.50)，特征选择"孔 1"，参数设置如图 2.2.51 所示。

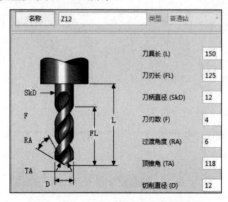

图 2.2.50　12mm 普通钻头参数设置

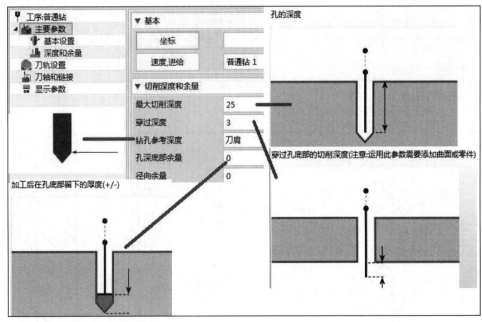

图 2.2.51　主要参数

20) 设置加工设备(参照任务 2.1 中的"设置加工设备")

21) 后置处理(参照任务 2.1 中的"后置处理")

【任务小结】

本任务主要分析一个包含型腔、型腔小凸台、孔的板类零件的加工工艺；通过中望 3D 软件的 2 轴铣削功能，给定加工参数，设置加工刀具，选择加工设备种类，进行后置处理并完成加工。通过对该案例的工艺分析，可掌握中望 3D 二维型腔编程的工艺流程，懂得先粗后精，先面后孔的加工工艺原则，并进一步学习中望 3D 编程软件 2 轴铣削的 Z 字型加工策略及钻孔加工策略，理解其加工参数，明白型腔零件进刀的方式，避免过切。要特别注意精加工过程中，一般先加工垂直面，再加工水平面，避免由于水平面的加工而导致刀具与垂直面的余量发生干涉。特别要指出的是，型腔零件由于零件结构的不开放性，其排屑、排冷却液困难，铣下来的铁屑及冷却液对加工有较大影响，加工过程中注意排屑、排水，因此相同条件下，型腔加工难度比开放零件来得高。

任务 2.3　凸、凹零件的二维加工

图 2.3.1 显示了加工零件图。

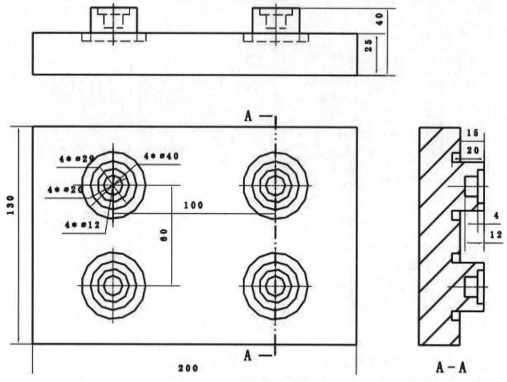

图 2.3.1 加工零件图(三维图与编程文件可通过扫描封底二维码下载)

【知识目标】

1. 会分析包含凸、凹轮廓类零件的 2 轴铣削加工工艺;

2. 能初步拟定凸、凹轮廓类零件加工工艺;

3. 能够根据实际加工零件的情况,选择加工刀具,设置加工参数;

4. 合理选择 2 轴加工策略,编制 2 轴加工程序;

5. 了解一般情况下模具零件加工工艺,熟悉加工流程,为今后从事数控加工行业奠定基础。

【任务分析】

中望 3D 编程软件的 2 轴加工策略能够加工规则的轮廓、型腔结构,可以钻孔,可以攻牙和倒角刀,从任务图纸上可以看出这是一个包含凸台、凸台内型腔、孔及内壁的一腔四模的注塑模具的凸模零件。这是数控铣床常见的加工内容,结构相对简单,没有不规则结构,没有曲面结构,适合中望 3D 编程软件 2 轴铣削加工。从图纸本身出发,零件图纸并没有标注尺寸公差与形位公差,也没有技术要求,但要满足一般的模具加工精度要求。综合以上考虑,拟定如表 2.3.1 所示的加工工艺流程。

表 2.3.1 加工工序表

工序	工序内容	S/(r/min)	F/(mm/min)	Ap/mm	T	余量/mm	说明
1	粗铣工件加工轮廓 (螺旋切削 1)	2500	3000	0.28	D21R0.8 牛鼻刀	侧面余量 0.25 底面余量 0.20	粗铣至保留余量的轮廓为止
2	二次开粗 (螺旋切削 2)	4600	2000	0.12	D3 平铣刀	侧面余量 0.25 底面余量 0.20	粗铣至保留余量的轮廓为止
3	粗铣 φ20 孔 (螺旋切削 3)	3900	2500	0.15	D8 平铣刀	侧面余量 0.15 底面余量 0.10	粗铣至保留余量的轮廓为止
4	粗铣 φ12 孔 (螺旋切削 4)	4200	2500	0.15	D4 平铣刀	侧面余量 0.15 底面余量 0.10	粗铣至保留余量的轮廓为止
5	精铣 φ29 圆柱侧壁轮廓(轮廓切削 1)	4500	2500	0.5	D4 平铣刀	0	尺寸精确,达到工艺要求
6	精铣 φ40 孔侧壁轮廓(轮廓切削 2)	4500	2500	0.3	D4 平铣刀	0	尺寸精确,达到工艺要求
7	精铣 φ20 孔侧壁轮廓(轮廓切削 3)	4500	2500	0.3	D4 平铣刀	0	尺寸精确,达到工艺要求
8	精铣 φ12 孔侧壁轮廓(轮廓切削 4)	4500	2500	0.3	D4 平铣刀	0	尺寸精确,达到工艺要求
9	精铣 φ12 孔底面(螺旋切削 5)	4500	2500	1	D4 平铣刀	0	尺寸精确,达到工艺要求
10	精铣工件加工轮廓底面(螺旋切削 6)	2800	3000	1	D21R0.8 牛鼻刀	0	尺寸精确,达到工艺要求

表 2.3.2 显示了中望 3D 编程步骤。

表 2.3.2 中望 3D 编程步骤

序号	工序内容	刀路简图
1	粗铣工件加工轮廓 (螺旋切削 1)	
2	二次开粗 (螺旋切削 2)	

(续表)

序号	工序内容	刀路简图
3	粗铣 φ20 孔 (螺旋切削 3)	
4	粗铣 φ12 孔 (螺旋切削 4)	
5	精铣 φ29 圆柱侧壁轮廓(轮廓切削 1)	
6	精铣 φ40 孔侧壁轮廓(轮廓切削 2)	
7	精铣 φ20 孔侧壁轮廓(轮廓切削 3)	
8	精铣 φ12 孔侧壁轮廓(轮廓切削 4)	
9	精铣 φ12 孔底面(螺旋切削 5)	
10	精铣工件加工轮廓底面(螺旋切削 6)	

【任务实施】

1) **创建加工零件。**步骤见任务 2.1 中的"创建加工零件",命名为"二维加工 2-3"并单击"确定"。

2) **调入几何体。**步骤见任务 2.1 中的"调入几何体"。

3) **添加坯料。**选择"添加坯料"选项卡中的"长方体"命令,坯料参数设置如图 2.3.2 所示。

4) **设置刀具。**选择"刀具"选项卡,依据加工工艺的安排表格,设置 D21R0.8 牛鼻刀(图 2.3.3)、D12 平刀(图 2.3.4)、D4 平刀(图 2.3.5)和 D3 平刀(图 2.3.6)。

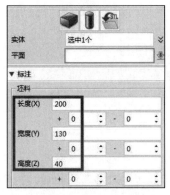

图 2.3.2　坯料参数设置

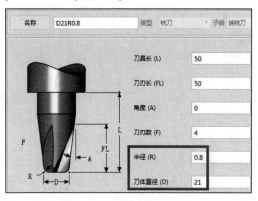

图 2.3.3　D21R0.8 参数设置

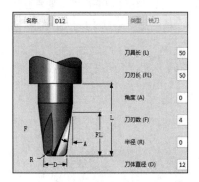

图 2.3.4　创建 D8 平刀

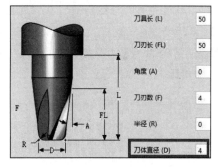

图 2.3.5　创建 D4 平刀

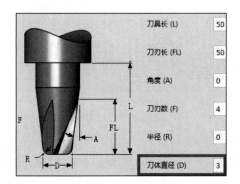

图 2.3.6　创建 D3 平刀

☆说明

依据原则选择刀具，既要考虑刀具的刚性、零件的结构，还要考虑加工效率，同时要根据实际企业的情况，尽量选择现有的、通用的刀具。其中 D21R0.8 和 D8 的刀主要用来粗加工，D4 用来粗、精加工，D3 只做精加工，尽量使加工的刀具种类少些，减少换刀，粗、精刀具最好分开。

5) 粗铣工件加工轮廓(螺旋切削 1)。选择"2 轴铣削"选项卡中的"螺旋"命令。特征选择"轮廓 1"和"轮廓 2"(图 2.3.7)。

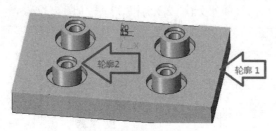

图 2.3.7　轮廓 1 和轮廓 2

☆说明

(1) 由于是凸模的开粗，在参数设置的"边界"中，刀具位置要求与圆柱相切，还要保证毛坯加工到位，所以既要求刀具与"轮廓 2"相切，又要求刀具在"轮廓 1"上。

(2) 刀具设置中有 5 种边界模式("在边界上""边界相切""越过边界""在零件上，与孤岛相切""越过边界，与孤岛相切")，这里选择"边界相切"，让"轮廓 1"向外偏移 10mm，如图 2.3.8 所示。

(3) 注意轮廓的方向与偏移量，一般的偏移量为刀具的半径值，但有时毛坯余量较大，需要根据实际毛坯的余量来设置。

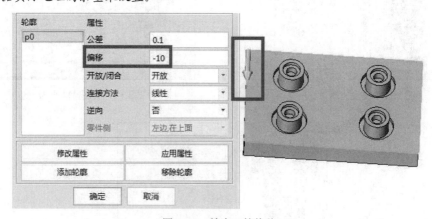

图 2.3.8　轮廓 1 的偏移

6) 主要参数设置。选择"工序"选项卡中的"参数"命令，选择"主要参数"(图 2.3.9)，依据拟定的工艺参数，设置对应的加工参数，主轴速度与进给速度依据拟定的工艺参数给定。

☆说明：

(1) "刀轨公差"一般按默认值设置，但如果是粗加工，也可以适当调大些，这样刀路的计算速度较快。

(2) "下切步距"根据加工的材料而定，一般硬度低的"下切步距"大些，反之小一些，同时"下切步距"还要考虑刀具和机床的刚性。

7) 设置限制参数。选择"工序"选项卡中的"参数"命令，再选择"限制参数"，参数设置情况如图 2.3.10 所示。

8) 刀轨设置。选择"工序"选项卡的"参数"命令，再选择"刀轨设置"，参数设置情况如图 2.3.11 所示。

☆**说明：**

"点设置"参数指定边界上开始切削的首选区域。这些点只需要在需要的起始点附近，边界上的最近点将是切削开始的位置。

9) 连接和进退刀与编程仿真结果。选择"工序"选项卡中的"参数"命令，再选择"连接和进退刀"，进行参数设置。参数如图 2.3.12 所示。刀路计算结果如图 2.3.13 所示，仿真结果如图 2.3.14 所示。

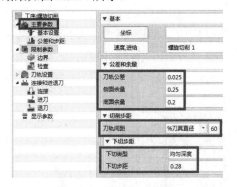

图 2.3.9　设置主要参数

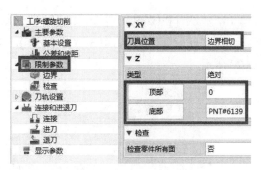

图 2.3.10　限制参数

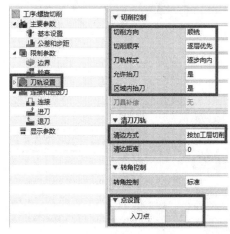

图 2.3.11　刀轨设置

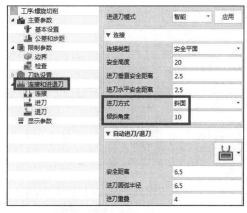

图 2.3.12　连接和进退刀

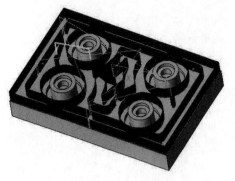
图 2.3.13　刀路计算结果

图 2.3.14　仿真结果

☆说明:

(1) "进刀方式"选择"斜面"进刀。"倾斜角度"设置为 10,"倾斜角度"的设置主要考虑刀具的刚性;刚性大的刀,角度设置大些,反之小些。

(2) "倾斜角度"越大,进刀速度也越大,加工效率高,反之效率低,一般加工的"倾斜角度"在 3.30° 之间,也与机床的刚性和主轴功率相关。

10) 二次开粗(螺旋切削 2)。选择"2 轴铣削"选项卡的"螺旋"命令,刀具选择 D3,特征选择"轮廓 2"和"轮廓 3"(图 2.3.15)。参数设置如图 2.3.16~图 2.3.19 所示,结果如图 2.3.20 所示。

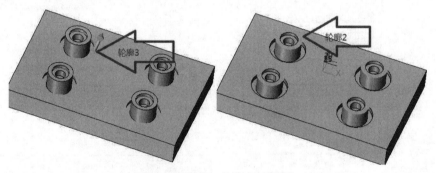
图 2.3.15　轮廓 2 与轮廓 3 的选择

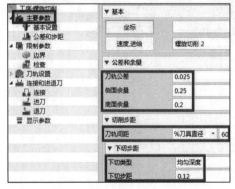
图 2.3.16　主要参数设置

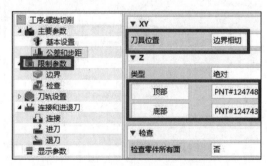
图 2.3.17　限制参数设置

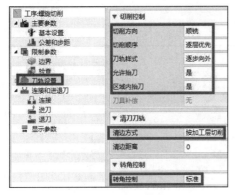

图 2.3.18　刀轨设置

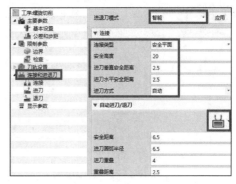

图 2.3.19　连接和进退刀

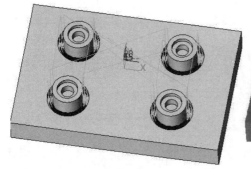

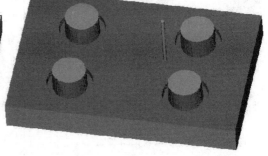

图 2.3.20　刀路及仿真结果

11) 粗铣 φ20 孔(螺旋切削 3)。 选择 "2 轴铣削" 选项卡的 "螺旋" 命令，刀具选择 D8，特征选择 "轮廓 4"(图 2.3.21)。参数设置如图 2.3.22~图 2.3.25 所示。

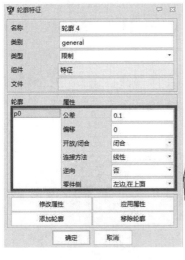

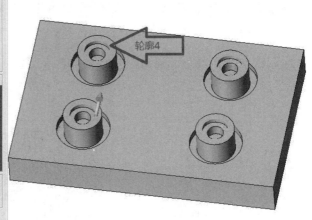

图 2.3.21　轮廓 4

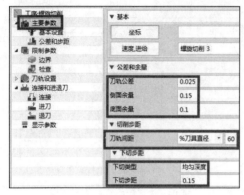

图 2.3.22　主要参数

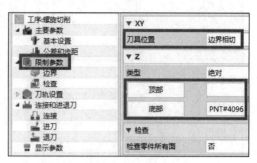

图 2.3.23　限制参数

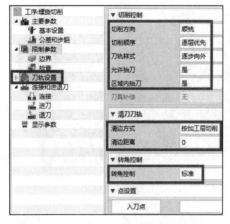

图 2.3.24　刀轨设置

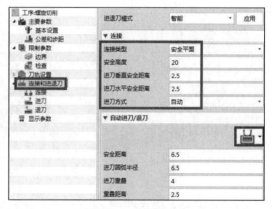

图 2.3.25　连接和退刀

☆说明

主要参数设置中侧面与底面留余量不一，主要考虑底面比侧面难加工，所以底面加工余量较小。

12) 粗铣φ12孔(螺旋切削 4)。选择"2 轴铣削"选项卡的"螺旋"命令，刀具选择 D4，特征选择"轮廓 5"(图 2.3.26)。参数设置如图 2.3.27~图 2.3.30 所示。

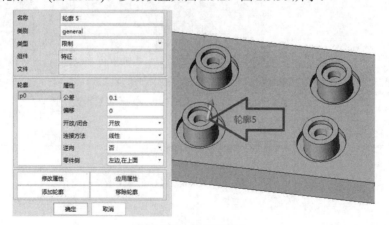

图 2.3.26　选择轮廓 5

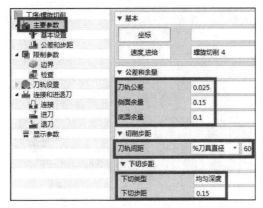

图 2.3.27 主要参数

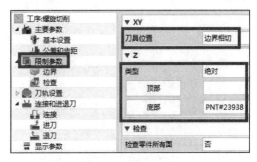

图 2.3.28 限制参数

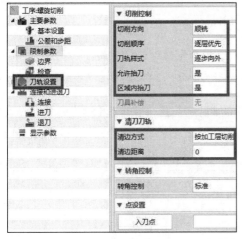

图 2.3.29 刀轨设置

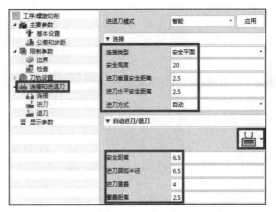

图 2.3.30 连接和进退刀

13) 精铣 φ29 圆柱侧壁轮廓(轮廓切削 1)。 选择"2 轴铣削"选项卡的"轮廓"命令,刀具选择 D4,特征选择"轮廓 2",加工参数按加工工序表里的参数设置,其余参数设置如图 2.3.31 和图 2.3.32 所示,刀路结果如图 2.2.33 所示。

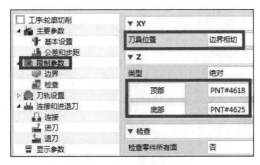

图 2.3.31 限制参数设置

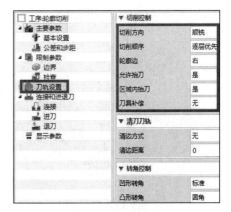

图 2.3.32 刀轨设置

14) 精铣 φ40 孔侧壁轮廓(轮廓切削 2)。 选择"2 轴铣削"选项卡的"轮廓"命令,刀具选择 D4，特征选择"轮廓 6"(图 2.3.34)，加工参数按加工工序表里的参数设置，参数设置如图 2.3.35 和图 2.3.36 所示，刀路结果如图 2.3.37 所示。

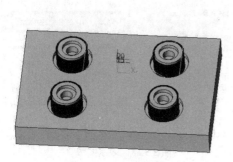

图 2.3.33　刀路结果

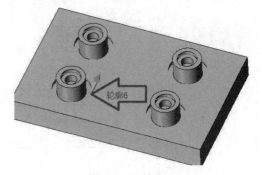

图 2.3.34　轮廓 6

☆说明：

(1) "限制参数"中的"顶部"和"底部"分别选择分型面和凹槽底面。

(2) "连接和进退刀"中的"自动进刀/退刀"选择"线性"，保证进退刀不会过切。

15) 精铣φ20孔侧壁轮廓(轮廓切削 3)。选择"2 轴铣削"选项卡的"轮廓"命令，刀具选择 D4，特征选择"轮廓 4"，参数设置如图 2.3.38 和图 2.3.39 所示，刀路结果如图 2.3.40 所示。

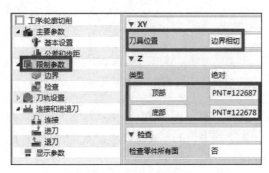

图 2.3.35　限制参数

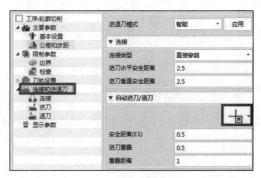

图 2.3.36　连接和进退刀

图 2.3.37　刀路结果

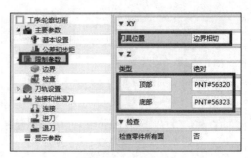

图 2.3.38　限制参数

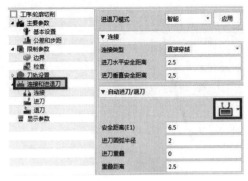

图 2.3.39 连接和进退刀

图 2.3.40 刀路结果

☆注意

注意 "限制参数" 中 "底部" 与 "顶部" 的位置选择。

16) 精铣 φ12 孔侧壁轮廓(轮廓切削 4)。选择 "2 轴铣削" 选项卡的 "轮廓" 命令，刀具选择 D4，特征选择 "轮廓 5" (图 2.3.41)，依据工艺拟定的参数设置，具体可参照本案例的步骤 15，刀路结果如图 2.3.42 所示。

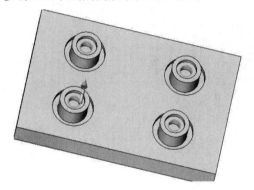

图 2.3.41 选择轮廓 5

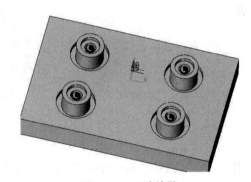

图 2.3.42 刀路结果

17) 精铣 φ12 孔底面(螺旋切削 5)。选择 "2 轴铣削" 选项卡的 "螺旋" 命令，刀具选择 D4，特征选择 "轮廓 5"，参数设置如图 2.3.43 和图 2.3.44 所示。刀路结果如图 2.3.45 所示。

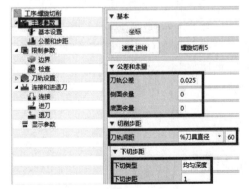

图 2.3.43 主要参数

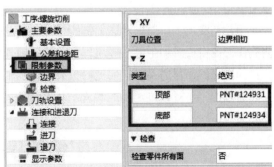

图 2.3.44 限制参数

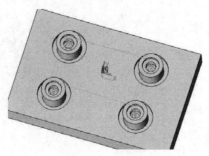

图 2.3.45　刀路结果

☆注意

精加工时要将"加工余量"清零,"刀轨公差"依据实际情况给定,要求越高,精度越高,但也要考虑机床与刀具系统的精度能否达到。

18) 精铣工件加工轮廓底面(螺旋切削 5)。选择"2 轴铣削"选项卡的"螺旋"命令,刀具选择 D21R0.8,特征选择"轮廓 1"和"轮廓 2",参数设置可参照本任务步骤 15,刀路结果如图 2.3.46 所示。

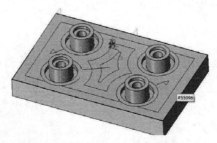

图 2.3.46　轮廓底面的刀路结果

19) 设置加工设备(参照任务 2.1 中的"设置加工设备")。

20) 后置处理(参照任务 2.1 中的"后置处理")。

【任务小结】

本任务主要分析一个包含型腔、凸台、孔及内壁的一腔四模的注塑凸模零件的加工工艺,使用中望 3D 软件的 2 轴铣削功能,给定加工参数,设置加工刀具,选择加工设备,进行后置处理并完成加工。通过对该案例的工艺分析,你可掌握中望 3D 二维凸、凹零件编程的工艺流程,懂得模具加工的一般流程,更深入地理解 2 轴加工中的螺旋铣和轮廓铣,理解加工参数的含义,懂得通过修改加工参数来优化加工刀路,提高加工质量或加工效率,具备采用中望 2 轴加工进行规则零件的编程与加工能力。

二维编程练习题

1. 使用中望 3D 软件的 2 轴铣削模块编制如下图所示的加工程序,材料为 45#,毛坯为板(三维图可扫封底二维码下载)。

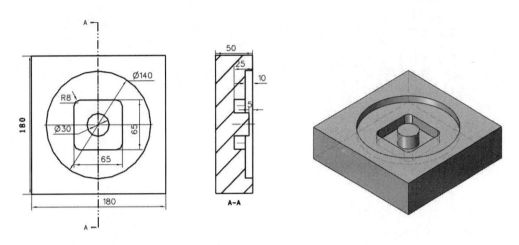

2. 使用中望 3D 软件的 2 轴铣削模块编制下图加工程序，材料为 45#，毛坯为板(三维图可扫封底二维码下载)。

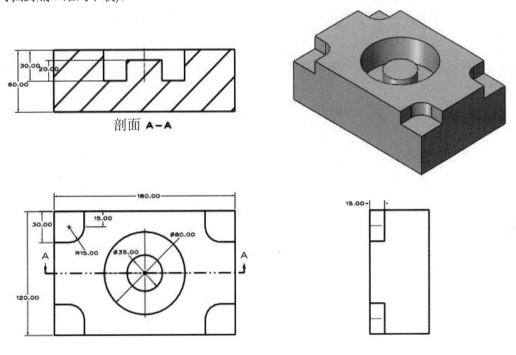

剖面 A-A

项目三　3轴编程

项目描述(导读+分析)

中望 3D 软件 3 轴加工模块包含钻孔、粗加工、精加工、切削、雕刻及高速流线铣，能够对曲面及复杂结构进行加工编程。本项目主要通过三个任务的实施，让学员掌握好中望 3D 软件中 3 维加工的使用，掌握参数的含义，会设置加工参数，会使用中望 3D 加工策略编制合理的加工参数，最终掌握曲面零件数控铣削的加工工艺及编程。

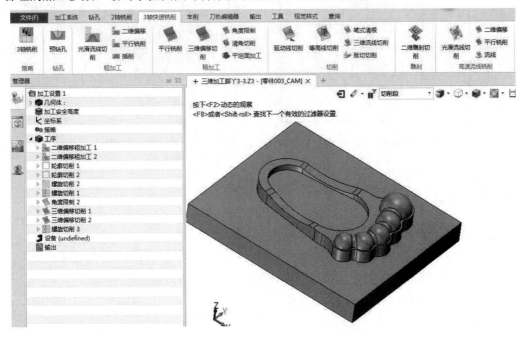

知识目标

1. 掌握数控铣削 3 轴加工编程的工艺流程、加工策略及加工参数的含义；
2. 掌握中望 3D 软件的加工策略，会综合应用加工策略编程；
3. 掌握中望 3D 软件数控铣削编程界面，会使用界面的基本命令。

能力目标

1. 通过该项目的实施，具备分析 3 轴数控铣削加工工艺的能力；
2. 具备使用中望 3D 软件的 3 轴加工策略设置合理加工参数的能力；
3. 具备选用合理的数控铣加工刀具的能力。

任务 3.1 型腔的三维加工

图 3.1.1 显示了加工零件图。

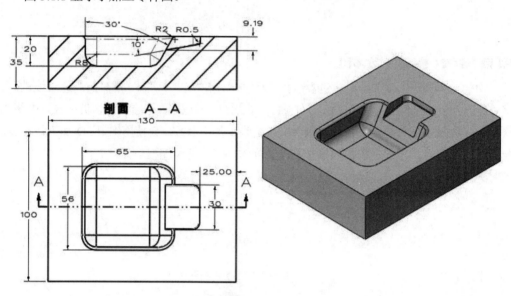

图 3.1.1 加工零件图(三维图档与编程文件可扫封底二维码下载)

【任务目标】

1. 会分析内型腔曲面类零件的 3 轴铣削加工工艺;

2. 理解采用中望 3 轴铣削加工型腔类零件编程的一般流程、对应参数的含义及使用;

3. 理解 3 轴粗加工策略中的"二维偏移"策略,掌握该策略中的参数含义;

4. 理解 3 轴精加工策略中的"等高加工""角度限制"和"三维偏移"中对应的加工参数的含义;

5. 理解 2 轴加工与 3 轴加工之间的区别,熟悉曲面加工一般采取的加工策略;

6. 懂得设置"特征"中的"曲面",会根据加工需要设置"曲面"与"轮廓"。

【任务分析】

中望 3D 的 3 轴加工策略主要针对复杂零件或者具有曲面的零件。这类零件一般情况下不能采用 2 轴加工策略或者采用 2 轴加工策略工序比较繁杂,这时就要使用中望 3 轴加工策略。3 轴加工策略以 3 轴粗加工和 3 轴精加工两大部分为主,涵盖 3 轴高速加工、雕铣和 3 轴 NURBS 模块,从任务图纸上可以看出这是一个包含型腔、斜面、圆角、拔模斜度的型腔零件,是数控铣床常见的加工内容,在 3 轴加工中结构相对简单。从图纸本身出发,零件图纸并没有标注尺寸公差与形位公差,也没有技术要求,是常见模具加工过程中的一类零件,基本按一般模具的要求进行工艺的设置。主要通过该案例,让学生掌握中望 3 轴加工工序中粗加工与精加工策略的应用，熟悉 3 轴加工界面，掌握 3 轴加工参数的含义。综合以上考虑，拟定以下加工工艺流程。

表 3.1.1 加工工序表

工序	工序内容	S/(r/min)	F/(mm/min)	Ap/mm	T	余量/mm	说明
1	粗加工 (二维偏移粗加工 1)	2500	3000	0.3	D17R0.8 牛鼻刀	侧面余量 0.25 底面余量 0.15	
2	二次开粗 (二维偏移粗加工 2)	3500	2000	0.25	D8R0.3 牛鼻刀	侧面余量 0.25 底面余量 0.15	粗铣第 1 道工序剩余坯料
3	精加工侧壁垂直区域 (等高线切削)	4000	2500	0.15	D8R0.3 牛鼻刀	0	
4	精加工侧壁水平区域 (角度限制)	4000	2500	0.12	D8R0.3 牛鼻刀	0	
5	精铣底面 (三维偏移切削)	4000	1500	5	D8R0.3 牛鼻刀	0	

表 3.1.2 中望 3D 编程步骤

序号	工序内容	刀路简图
1	粗加工 (二维偏移粗加工 1)	
2	二次开粗 (二维偏移粗加工 2)	

(续表)

序号	工序内容	刀路简图
3	精加工侧壁垂直区域 (等高线切削)	
4	精加工侧壁水平区域 (角度限制)	
5	精铣底面 (三维偏移切削)	

【任务实施】

1) 创建加工零件。 打开桌面"中望3D"快捷方式，选择"新建"，"类型"选择"加工方案"，"模板"选择"默认"，命名为"三维加工凹模"，单击"确定"进入加工界面；注意文件的后缀为*.Z3。如图3.1.2和图3.1.3所示。

图 3.1.2 选择"新建"按钮

图 3.1.3 选择加工方案并命名

2) 调入几何体。选择"几何体"(图 3.1.4),然后单击"打开"命令,选择存放对应文件的文件夹,选择需要编程的三维文件,单击"确定"调入几何体(图 3.1.5)。

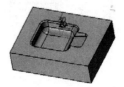

图 3.1.4　"几何体"选项卡　　　　　　　　　图 3.1.5　调入几何体

☆注意

三维编程零件的坐标系与加工中设置的坐标系要保持一致。

3) 添加坯料。选择"添加坯料"选项卡(图 3.1.6)的"长方体"命令,坯料参数设置如图 3.1.7 所示。

图 3.1.6　添加坯料　　　　　　　　　　　图 3.1.7　坯料设置参数

4) 设置刀具。选择"刀具"选项卡,依据加工工艺的安排表格,设置 D17R0.8 牛鼻刀(图 3.1.8)和 D8R0.3 牛鼻刀(图 3.1.9)。

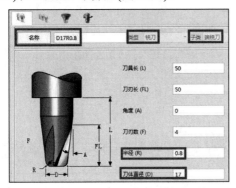

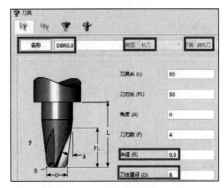

图 3.1.8　创建 D17R0.8 牛鼻刀　　　　　　　图 3.1.9　创建 D8R0.3 牛鼻刀

☆说明

在模具的加工中,较少采用平底刀来粗加工,一般采用带有 R 角的牛鼻刀(R 角的大小由加工零件的结构决定),这样不容易崩刀。

5) 粗加工(二维偏移粗加工 1)。选择"3 轴快速铣削"选项卡中的"二维偏移"命令(图

3.1.10),特征选择"零件"。

图 3.1.10 3 轴粗加工策略选择

☆说明

(1) 二维偏移粗加工用于坯料的二维区域清理。先计算刀具轨迹,然后投影到加工几何体中。

(2) "特征"直接选择"零件",编程时可以自动识别加工区域,如果结构较复杂,也可将"坯料"一起选择为"特征"。

6) 主轴速度与进给速度设置。选择"工序"选项卡的"参数"命令,选择"主要参数"中的"速度,进给"(图 3.1.11),依据拟定的工艺参数,设置对应粗、精加工的主轴速度和进度给速度。

7) 设置主要参数。选择"工序"选项卡的"参数"命令,选择"主要参数",主要参数设置情况如图 3.1.12 所示,其余参数按照拟定工艺设置。

图 3.1.11 主轴速度与进给速度

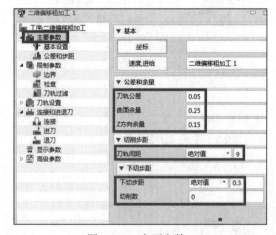

图 3.1.12 主要参数

☆说明

(1) 主轴速度与进给速度设置过程中,只有进给速度可以设置 RAPID,主轴速度部分不能设置。

(2) 注意主轴速度设置中的单位,有"转/分钟""毫米/分钟"和"英尺/分钟"。一般选择"转/分钟"。

(3) 注意进给速度设置中的单位,一般选择"毫米/分钟"和"毫米/转"。

8) 设置限制参数。限制参数按默认值。

9) 刀轨设置。选择"工序"选项卡的"参数"命令,选择"刀轨设置",参数设置情况如图 3.1.13 所示,其中"清边刀轨方向"选择"顺铣",其余参数接受默认值。

10) **连接和进退刀**。选择"工序"选项卡中的"参数"命令，选择"连接和进退刀"，进行参数设置，其中"进刀类型"选择"圆弧直线"，其余参数如图 3.1.14 所示。

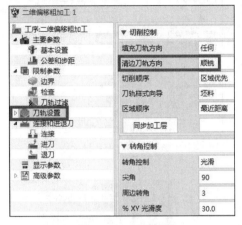

图 3.1.13　刀轨设置

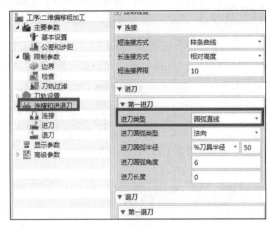

图 3.1.14　连接和进退刀设置

11) **刀路与仿真**。选择"参数"选项卡的"计算"命令，完成程序的计算，选择"实体仿真"，仿真结果如图 3.1.15 所示。

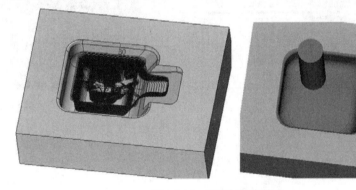

图 3.1.15　刀路与仿真结果

12) **二次开粗(二维偏移粗加工 2)**。选择"3 轴快速铣削"选项卡中的"二维偏移"命令，刀具选择 D8R0.3，特征选择"曲面 2"和"轮廓 1"(图 3.1.16)，参考工序选择"二维偏移粗加工 1"，参数设置如图 3.1.17～图 3.1.20 所示，结果如图 3.1.21 所示。

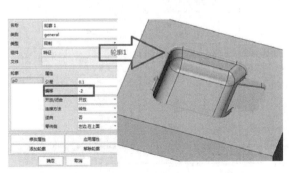

图 3.1.16　轮廓 1 的选择与参数设置

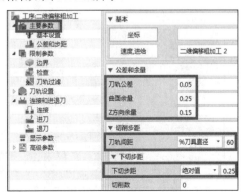

图 3.1.17　主要参数设置

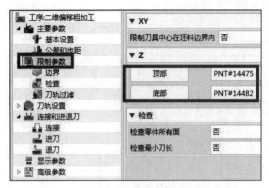

图 3.1.18　限制参数设置

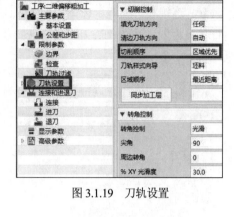

图 3.1.19　刀轨设置

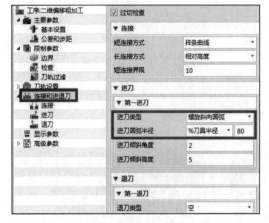

图 3.1.20　连接和进退刀

图 3.1.21　刀路与仿真结果

☆说明

在轮廓的参数设置过程中，偏移设置为-2mm，用来限制刀具的加工范围，正负号表示轮廓外、内部分。

13) 等高线切削。选择"3 轴快速铣削"选项卡的"等高线切削"命令，选取 D8R0.3 的铣刀，特征选择"轮廓 1"，重要参数设置如图 3.1.22 和图 3.1.23 所示，精加工刀路如图 3.1.24 所示，仿真结果如图 3.1.25 所示。

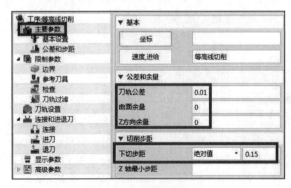

图 3.1.22　主要参数

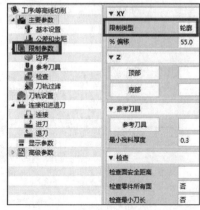

图 3.1.23　限制参数

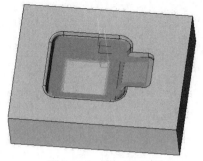
图 3.1.24　精加工刀路

图 3.1.25　仿真结果

☆说明

(1) 精加工的主要思路是将曲面分成"陡峭区域"和"平坦区域"两部分进行加工，考虑到圆角、斜面及加工效率，将本次精加工分成三部分(如图 3.1.26 所示)，其一先用"等高加工"，将"陡峭区域"加工完，但"等高加工"加工相对平坦的区域时刀路台阶很明显不适合，所以再采用"角度限制加工"，加工平坦区域及斜面，最后用"三维偏移切削"将底平面加工完成。

(2) 记得将加工余量中的"曲面余量"及"Z 方向余量"设置为 0。

(3) "下切步距"根据加工的精度要求进行设置，一般情况下，精度要求高，下切步距小，但加工效率低。

(4) 其余参数选择默认值。

14) 角度限制切削。选择"3 轴快速铣削"选项卡的"限制角度"命令，刀具选择 D8R0.3，特征选择"曲面 2"(如图 3.1.27)，参数设置如图 3.1.28~图 3.1.30 所示，其余参数按默认值设置。刀路结果如图 3.1.31 所示。

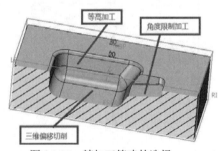
图 3.1.26　精加工策略的选择

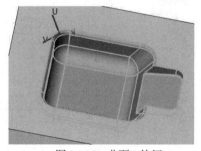
图 3.1.27　曲面 2 特征

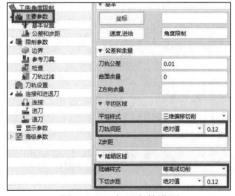
图 3.1.28　主要参数设置

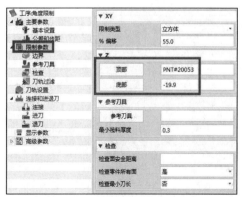
图 3.1.29　限制参数设置

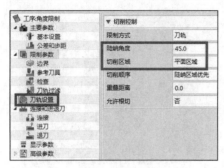

图 3.1.30   刀轨设置

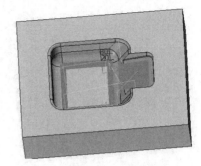

图 3.1.31   刀路结果

☆说明

(1) 这个步骤主要用来精加工底面圆角及斜面，消除由等高加工造成的台阶。

(2) 顶部和底部设置中，底部设置为-19.9mm，预留 0.1mm 为底面三维偏移加工的余量，保证底面加工余量的均匀，提高底面的加工质量。

(3) "刀轨设置"中，"陡峭角度"设为 45°，"切削区域"选择"平面区域"，只加工平面区域，水平区域不用加工。

(4) 其余参数选择默认值。

15) 三维偏移加工。选择"3 轴快速铣削"选项卡的"三维偏移切削"命令，刀具选择 D8R0.3，特征选择"轮廓 1"和"曲面 1"，加工参数按加工工序表里的参数设置，其余参数设置如图 3.1.32～图 3.1.34 所示，刀路结果如图 3.1.35 所示。

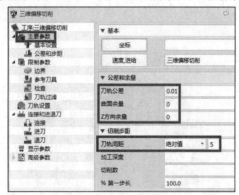

图 3.1.32   主要参数设置

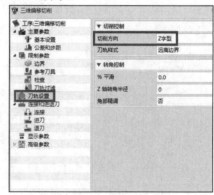

图 3.1.33   刀轨设置

图 3.1.34   连接和进退刀设置

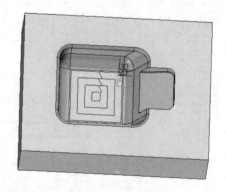

图 3.1.35   刀路结果

16) 后续步骤的实体仿真、设备设置及后处理沿用任务 **2.1** 中的设置。

【任务小结】

本任务主要分析一个包含斜面、曲面特征的板类型腔零件的加工工艺。使用中望 3D 软件的 3 轴铣削功能，给定加工参数，设置加工刀具，选择加工设备，进行后处理并完成加工。通过对该案例的工艺分析，解释数控铣 3 轴加工的工艺流程，介绍 3 轴加工中的二维偏移粗加工、等高线切削、角度限制、三维偏移切削加工策略，阐明切削参数和中望 3D 的工艺参数设置问题，展现通过中望 3D 的 3 轴铣削是如何进行编程的(特别是型腔类零件的编程)，让学生理解 3 轴加工策略及加工工序参数的含义，懂得加工工艺及编程流程，并能够应用中望3D 软件的 3 轴铣削功能，编制板类型腔零件的加工程序。

任务 3.2　飞机模型的三维加工

图 3.2.1 显示了加工零件图。

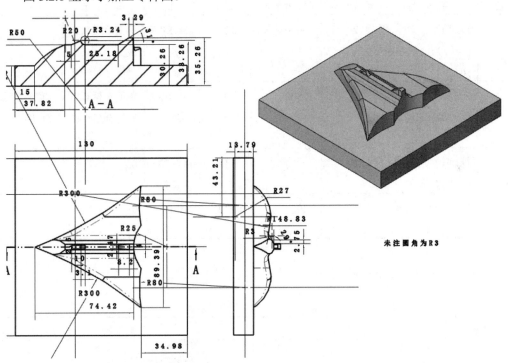

图 3.2.1　加工零件图(三维图与编程文件可通过扫封底二维码下载)

【知识目标】

1. 会分析开放曲面类零件的 3 轴铣削加工工艺，注重各曲面间的刀路连接；
2. 理解中望 3 轴铣削凸模型腔类编程的一般流程、对应参数的含义及使用；
3. 理解 3 轴粗加工策略中的"二维光滑流线铣"策略，掌握该策略中的参数含义；

4. 理解 3 轴精加工策略中的 "角度限制" 和 "平坦面加工" 中对应加工参数的含义;

5. 理解 2 轴加工与 3 轴加工之间的区别,熟悉曲面加工一般采取的加工策略;

6. 懂得设置"特征"中的"曲面",会根据加工需要设置"曲面"与"轮廓"。

【任务分析】

本案例是一个典型的三维曲面加工零件,飞机的表面主要以曲面构成,曲面既有陡峭曲面,又有平坦曲面,还有较小的平面,曲面构成相对复杂,2 轴加工策略没法加工,只能采用 3 轴加工。这是数控铣床常见的加工内容,要求编程人员对软件的曲面加工策略要有比较深入的理解,并要注意细节。注意平坦曲面与陡峭曲面及平面相接刀的地方,既要保证加工曲面的一致性,又要提高加工效率。零件图纸并没有标注尺寸公差与形位公差,也没有技术要求,本次加工工艺按一般模具的要求进行工艺的设置。综合以上考虑,拟定如表 3.2.1 所示的加工工艺流程。

表 3.2.1　加工工序表

工序	工序内容	S/(r/min)	F/(mm/min)	Ap/mm	T	余量/mm	说明
1	粗加工 (二维光滑流线粗加工)	2200	3000	0.3	D17R0.3 牛鼻刀	侧面余量 0.2 底面余量 0.3	
2	二次开粗 (二维偏移粗加工 2)	3800	2500	0.25	D6R0.3 牛鼻刀	侧面余量 0.15 底面余量 0.15	粗铣第 1 道工序剩余坯料
3	精加工外壳区域 (角度限制)	4800	2000	0.1	D4R0.3 牛鼻刀	0	
4	精加工外壳区域 (平坦面加工)	2800	3000	0.12	D17R0.3 牛鼻刀	0	

表 3.2.2 列出中望 3D 编程步骤。

表 3.2.2　中望 3D 编程步骤

序号	工序内容	刀路简图
1	粗加工 (二维光滑流线粗加工)	

(续表)

序号	工序内容	刀路简图
2	二次开粗 (二维偏移粗加工 2)	
3	精加工外壳区域 (角度限制)	
4	精加工外壳区域 (平坦面加工)	

【任务实施】

1) **创建加工零件。**打开桌面"中望 3D"快捷方式，单击"新建"按钮，"类型"选择"加工方案"，"模板"选择"默认"，命名为"三维加工飞机"，单击"确定"进入加工界面。注意命名文件的后缀为*.Z3。如图 3.2.2 和 3.2.3 所示。

图 3.2.2 单击"新建"按钮

图 3.2.3　选择加工方案并命名

2) 调入几何体。 选择"几何体"(图 3.2.4)，然后选择"打开"命令，选择存放对应文件的目录，选择需要编程的三维文件，单击"确定"调入几何体(图 3.2.5)。

图 3.2.4　选择"几何体"

图 3.2.5　调入几何体

☆注意

为了便于完成加工过程中的 Z 值对刀，本案例将坐标系设置在加工零件的底面。这时，一定要精准地测量毛坯厚度，保证三维造型中的毛坯厚度与实际加工零件的毛坯厚度一致，避免多切或者少切。

3) 添加坯料。 选择"添加坯料"选项卡(图 3.2.6)中的"长方体"命令，坯料参数设置如图 3.2.7 所示。

图 3.2.6　添加坯料

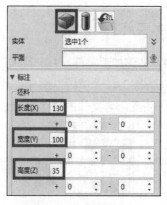

图 3.2.7　坯料参数设置

4) 设置刀具。 选择"刀具"选项卡，依据加工工艺的安排表格，设置 D17R0.3 牛鼻刀和 D6R0.3 牛鼻刀, 如图 3.2.8 和图 3.2.9 所示。

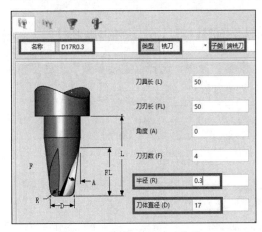
图 3.2.8　创建 D17R0.3 牛鼻刀

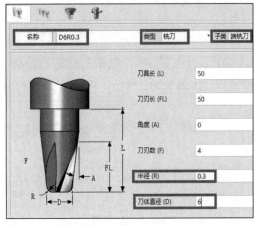
图 3.2.9　创建 D6R0.3 牛鼻刀

5) 粗加工(二维偏移粗加工 1)。选择"3 轴快速铣削"选项卡中的"光滑流线切削"命令(图 3.2.10), 特征选择"零件"。

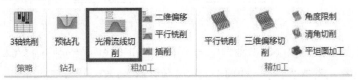
图 3.2.10　3 轴粗加工策略选择

☆**说明**

(1) 光滑流线切削用于零件的粗加工, 在一个加工周期里尽可能使刀具均匀切削材料并减少退刀。

(2) 特征直接选择"零件"和"坯料", 编程时可以自动识别加工区域。本案例"特征"多加工一个限制的"轮廓 1", 避免刀具加工至外部。

6) 进给与转速设置。选择"工序"选项卡的"参数"命令, 选择"主要参数"中的"速度, 进给", 依据拟定的工艺参数, 设置对应粗、精加工的主轴速度和进给速度, 如图 3.2.11 所示。

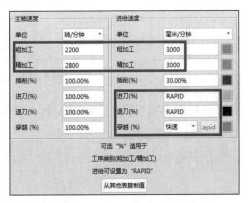
图 3.2.11　主轴速度和进给速度

☆注意

(1) 将"穿越"设置为"快速"。

(2) "刀轨间距"中的"%刀具直径"一般设置 50%以下，不然会有残余坯料。

7) 设置主要参数。选择"工序"选项卡的"参数"命令，选择"主要参数"，重要参数设置情况如图 3.2.12 所示，其余参数按照拟定工艺设置。

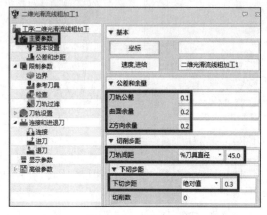

图 3.2.12 主要参数

8) 设置限制参数。"限制参数"中的"顶面"和"底面"分别选择飞机顶面及底面。

9) 刀轨设置。选择"工序"选项卡的"参数"命令，选择"刀轨设置"，参数设置情况如图 3.2.13 所示，其中"清边刀轨方向"选择"顺铣"，其余参数使用默认值。

10) 连接和进退刀。选择"工序"选项卡的"参数"命令，选择"连接和进退刀"，进行参数设置，其中"进刀类型"选择"螺旋斜线圆弧"，参数设置如图 3.2.14 所示。

图 3.2.13 刀轨设置

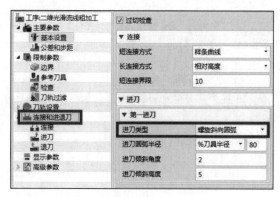

图 3.2.14 连接和进退刀设置

11) 刀路与仿真。选择"参数"选项卡的"计算"命令，完成程序的计算，选择"实体仿真"，仿真结果如图 3.2.15 所示。

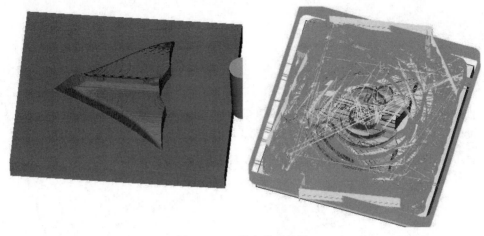

图 3.2.15 刀路与仿真结果

12) 二次开粗(二维偏移粗加工 2)。选择"3 轴快速铣削"选项卡的"二维偏移"命令，刀具选择 D17R0.3，特征选择"零件"，参数设置如图 3.2.16～图 3.2.19 所示，结果如图 3.2.20 所示。

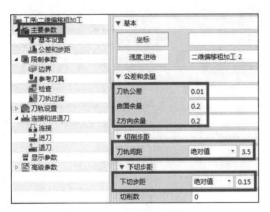

图 3.2.16 主要参数设置

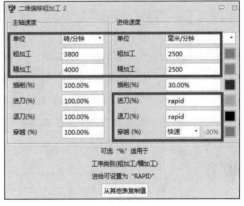

图 3.2.17 主轴速度和进给速度

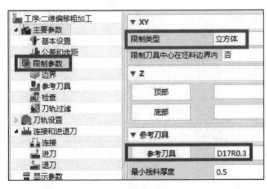

图 3.2.18 限制参数设置

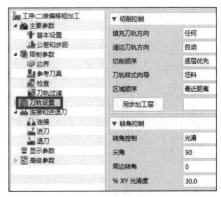

图 3.2.19 刀轨设置

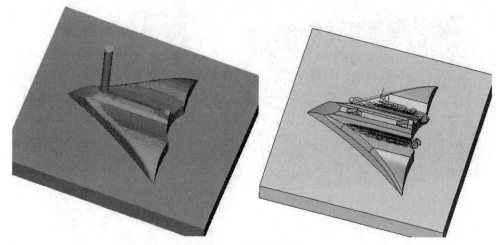

图 3.2.20　刀路与仿真结果

13) 精铣外轮廓(角度限制 1)。选择"3 轴快速铣削"选项卡的"角度限制"命令，刀具选择 D4R0.3，特征选择"零件"，参数设置如图 3.2.21～图 3.2.24 所示，刀路与仿真结果如图 3.2.25 所示。

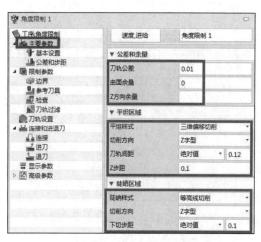

图 3.2.21　主要参数设置

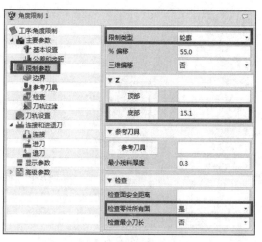

图 3.2.22　限制参数设置

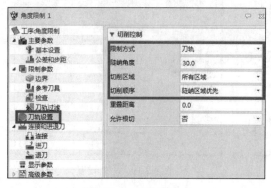

图 3.2.23　刀轨设置

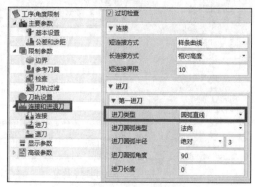

图 3.2.24　连接和进退刀设置

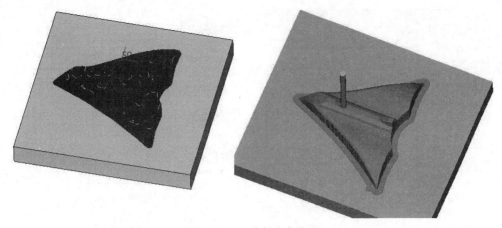

图 3.2.25 刀路与仿真结果

☆**说明**

(1) 中望 3D 编程软件中的"角度限制"一般用来精加工既有平坦曲面又有陡峭曲面的零件。

(2) "限制参数"中的"底部"值为 15.1mm，以免加工到底面。由于角度限制加工策略主要用来精加工，所以平坦曲面的加工步距只有 0.1mm，用来加工水平面时加工效率低，加工质量也不好，所以本案例将曲面与水平面分开加工，水平面用"平坦面加工"策略，考虑加工质量的同时提高加工效率，这也是常用的编程技巧。

(3) "检查零件所有面"设置为"是"，这样计算刀路时会计算所有曲面，避免过切。

(4) "陡峭角度"是用来区分陡峭曲面与平坦曲面的，角度越大，陡峭曲面的范围越小，曲面越陡峭，一般按默认 30.0 设置。

(5) "切削区域"有三种模式可以选择，分别是"所有区域""陡峭区域"和"平坦区域"，本案例选择"所有区域"，意味着两部分均要加工。

(6) "切削顺序"选择"陡峭区域优先"，意味着陡峭区域的曲面先加工，再加工平坦区域的曲面，反之为"平坦区域优先"。一般数控加工过程中，为避免加工平坦区域时与陡峭区域的加工余量发生干涉，均选择"陡峭区域优先"。

14) 精铣水平区域(平坦面加工 1)。选择"平坦面加工"命令，刀具选择 D17R0.3，特征选择"零件"，参数设置及结果如图 3.2.26～图 3.2.29 所示，刀路与仿真结果如图 3.2.30 所示。

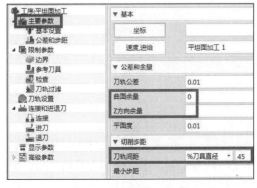

图 3.2.26 设置主要参数

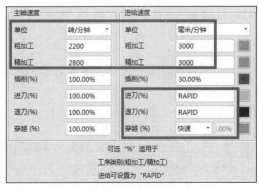

图 3.2.27 转速、进给设置

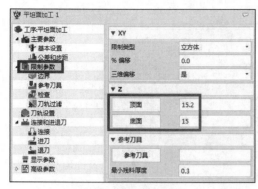

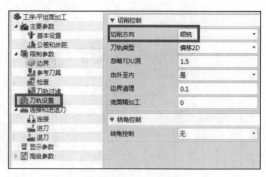

图 3.2.28　设置限制参数　　　　　　　　　　　图 3.2.29　刀轨设置

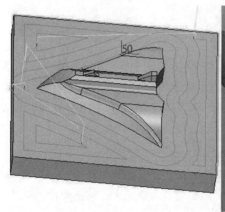
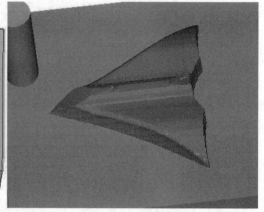

图 3.2.30　刀路与仿真结果

☆注意

(1) "刀轨间距"一般设置得较低,以免有些平面未加工到位。

(2) 记得将"进给速度"中的"进刀"和"退刀"设置为 RAPID,以提高加工效率。

☆说明

(1) "顶部"和"底部"设置为 15.2mm 和 15mm,主要用来限制刀具只加工底平面。

(2) "切削方向"选择"顺铣",一般精加工为了改善加工质量均选择"顺铣"。

(3) "刀轨类型"主要有两种,本案例选择"偏移 2D"就是环切,还有一种是"平行铣削",应该根据实际加工零件结构选择。

(4) 其余参数按默认值设置。

15) 后续的实体仿真、加工设备设置及后置处理方式可参照前面的案例。

【任务小结】

　　本任务主要分析一个包含较复杂零件曲面的飞机加工模型的加工工艺,使用中望 3D 软件 3 轴铣削功能中的光滑流线切削、二维偏移粗加工、角度限制、平坦面加工策略,给定加工参数,设置加工刀具,选择加工设备,进行后置处理并完成加工。通过对该案例的工艺分析，解释数控铣 3 轴加工的工艺流程，详细介绍 3 轴加工中的角度限制和平坦面加工策略的使用，阐明切削参数和中望 3D 的工艺参数设置问题，展示通过中望 3D 的 3 轴铣削如何进行曲面类零件的编程，让学生理解对应的 3 轴加工策略及加工工序参数的含义，懂得加工工艺及编程流程。注意加工过程中的细节，并能应用中望 3D 软件的 3 轴铣削功能，编制该类型零件的加工程序。

任务 3.3 脚丫凸模的三维加工

图 3.3.1 显示了加工零件图。

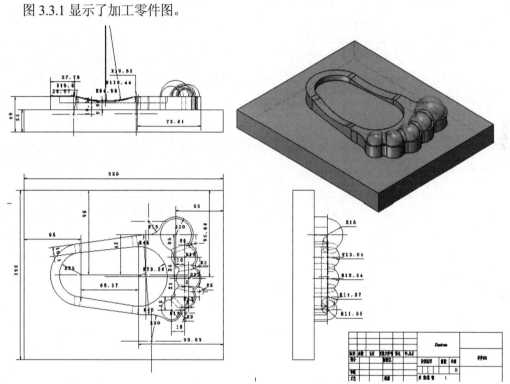

图 3.3.1   加工零件图(三维图与编程文件可扫封底二维码下载)

【知识目标】

1. 理解中望 3 轴铣削较复杂曲面类零件编程的一般流程、对应参数的含义及使用；

2. 能够充分理解中望 3D 软件的 3 轴加工策略，懂得根据实际零件情况选用粗、精加工策略；

3. 能够理解加工工艺过程中的难点，懂得通过参数的设置和给定，达到加工要求；

4. 熟悉刀具的选择和运用，能够选择合适的加工刀具，改善加工质量，提高加工效率；

5. 注重细节，可以根据实际加工的情况，修改加工参数，达到加工要求。

【任务分析】

本案例是脚底按摩器塑料模具中的凸模，曲面结构比较复杂，有各脚趾头的圆弧曲面，有脚底面的圆弧面，有大的水平底面，还有圆角和小的水平面，结构复杂，工艺难度较大，对编程人员的软件应用能力、参数理解能力及实际加工操作过程中的经验均提出较高要求。中望 3D 编程软件的 3 轴加工策略以 3 轴粗加工和 3 轴精加工两部分为主，涵盖 3 轴高速加工、雕铣和 3 轴 NURBS 模块。从图纸本身出发，零件图纸并没有标注尺寸公差与形位公差，也没有技术要求，是常见模具加工过程中的一类零件，基本按一般模具的要求进行工艺的设置，主要通过该案例，让学生掌握中望 3 轴加工工序中粗加工与精加工策略的应用，掌握 3 轴加工参数的含义。综合以上考虑，拟定如表 3.3.1 所示的加工工艺流程。

表 3.3.1　加工工序表

工序	工序内容	S/(r/min)	F/(mm/min)	Ap/mm	T	余量/mm	说明
1	一次开粗(螺旋切削 1)	1200	3500	0.3	D32R6 牛鼻刀	侧面余量 0.3 底面余量 0.3	粗铣至保留余量的轮廓为止
2	二次开粗(螺旋切削 2)	2800	2500	0.28	D12 平铣刀	侧面余量0.15 底面余量0.15	粗铣至保留余量的轮廓为止
3	精铣内轮廓(轮廓切削 1)	3800	2500	0.2	D8 平铣刀	0	尺寸精确，达到工艺要求
4	精铣外轮廓(轮廓切削 3)	3800	2500	0.2	D8 平铣刀	0	尺寸精确，达到工艺要求
5	精铣底面(螺旋切削 1)	3300	2500	0	D12 平铣刀	0	尺寸精确，达到工艺要求
6	精铣型腔底面(螺旋切削 2)	3500	2500	0	D8 平铣刀	0	尺寸精确，达到工艺要求
7	精铣球面(角度限制)	4500	2000	0.08	D6R3 球刀	0	尺寸精确，达到工艺要求
8	精铣两侧凹面(三维偏移切削)	4500	2000	0	D10R5 球刀刀	0	尺寸精确，达到工艺要求
9	精铣两侧凹面(三维偏移切削)	3500	2500	0	D10R5球刀刀	0	尺寸精确，达到工艺要求
10	精铣端面(螺旋切削)	5000	2000	0	D3 平铣刀	0	尺寸精确，达到工艺要求

表 3.3.2 列出了中望 3D 编程步骤。

表 3.3.2   中望 3D 编程步骤

序号	工序内容	刀路简图
1	粗铣工件加工轮廓 (螺旋切削 1)	
2	二次开粗 (螺旋切削 2)	
3	精铣内轮廓 (轮廓切削 1)	
4	精铣外轮廓 (轮廓切削 2)	

(续表)

序号	工序内容	刀路简图
5	精铣底面 (螺旋切削 1)	
6	精铣型腔底面 (螺旋切削 2)	
7	精铣球面 (角度限制)	
8	精铣凹面 (三维偏移切削)	
9	精铣凹面 (三维偏移切削)	

(续表)

序号	工序内容	刀路简图
10	精铣端面 (螺旋切削)	

【任务实施】

1) 创建加工零件。 打开桌面"中望 3D"快捷方式，单击"新建"按钮，"类型"选择"加工方案"，"模板"选择"默认"，命名为"脚丫凸模"，单击"确定"进入加工界面。注意命名文件的后缀为*.Z3。如图 3.3.2 所示。

图 3.3.2　新建加工方案并命名

2) 调入几何体。 选择"几何体"(图 3.3.3)，然后选择"打开"命令，选择存放对应文件的目录，选择需要编程的三维文件，单击"确定"调入几何体(图 3.3.4)。

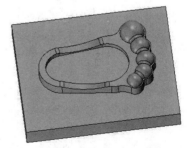

图 3.3.3　选择"几何体"

图 3.3.4　调入几何体

☆思考

本案例的工件坐标系在脚丫零件的底面，不在毛坯底面，你觉得是否合理？

3) **添加坯料**。选择"添加坯料"(图 3.3.5)，然后单击"长方体"命令，坯料参数设置如图 3.3.6 所示。

图 3.3.5　添加坯料

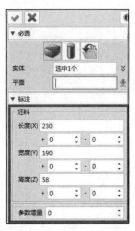

图 3.3.6　坯料设置参数

4) **设置刀具**。选择"刀具"选项卡，依据加工工艺的安排表格，设置 D32R6 牛鼻刀(图 3.3.7)和 D12R0.3 牛鼻刀(图 3.3.8)。

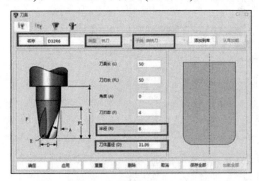

图 3.3.7 创建 D32R6 牛鼻刀

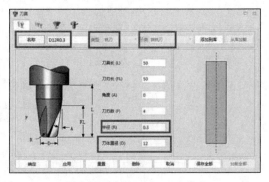

图 3.3.8 创建 D12R0.3 牛鼻刀

☆注意

(1) 在模具加工中，较少采用平底刀来粗加工，一般采用带有 R 角的牛鼻刀(R 角的大小由加工零件的结构决定)，这样不容易崩刀。

(2) 注意，刀具参数的设置一定要与实际加工刀具相一致。

5) **粗加工(螺旋切削 1)**。选择"3 轴快速铣削"选项卡中的"二维偏移"命令(图 3.3.9)。特征选择"零件"。

图 3.3.9　3 轴粗加工策略选择

☆说明

(1) 二维偏移粗加工用于快速去除毛坯余量。

(2) 特征选择"轮廓1"(图 3.3.10)，防止刀具加工至零件底面。

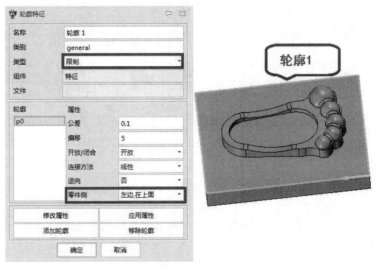

图 3.3.10 轮廓 1

6) **进给与转速设置。** 选择"工序"选项卡的"参数"命令，选择"主要参数"中的"速度，进给"(图 3.3.11)，依据拟定的工艺参数，设置对应粗、精加工的主轴速度与进给速度。

7) **设置主要参数。** 选择"工序"选项卡的"参数"命令，选择"主要参数"，重要参数设置情况如图 3.3.12 所示，其余参数按照拟定工艺设置。

图 3.3.11 主轴速度与进给速度设置

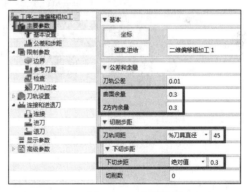

图 3.3.12 主要参数

8) **设置限制参数。** 限制参数使用默认值。

9) **刀轨设置。** 选择"工序"选项卡的"参数"命令，选择"刀轨设置"，参数设置情况如图 3.3.13 所示，其中"清边刀轨方向"选择"任何"，其余参数使用默认值。

10) **连接和进退刀。** 选择"工序"选项卡的"参数"命令，选择"连接和进退刀"，进行参数设置，其中"进刀类型"选择"螺旋斜向圆弧"，其余参数如图 3.3.14 所示。

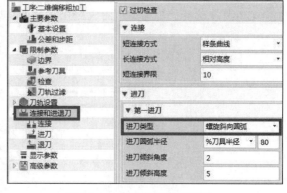

图 3.3.13　刀轨设置　　　　　　　　　　图 3.3.14　连接和进退刀设置

☆说明

"进刀类型"选择螺旋斜线圆弧进刀,对刀具和机床有较好的保护作用,避免直接进刀,造成刀具崩刀。

11) 刀路与仿真。选择"参数"选项卡的"计算"命令,完成程序的计算,选择"实体仿真",仿真结果如图 3.3.15 所示。

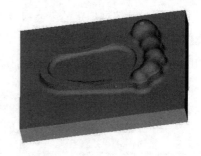

图 3.3.15　刀路与仿真结果

12) 二次开粗(二维偏移粗加工 2)。选择"3 轴快速铣削"选项卡的"二维偏移"命令,刀具选择 D12R0.3,特征选择"轮廓 1",参考工序选择"二维偏移粗加工",加工参数按加工工序表里的参数设置,其余参数设置如图 3.3.16～图 3.3.19 所示,结果如图 3.3.20 所示。

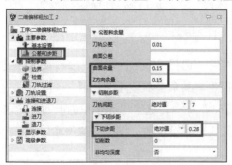
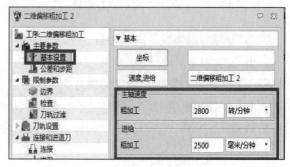

图 3.3.16　公差和步距　　　　　　　　　　图 3.3.17　基本设置

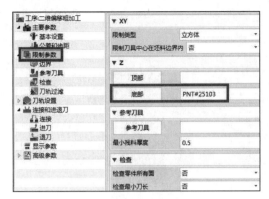

图 3.3.18 限制参数设置

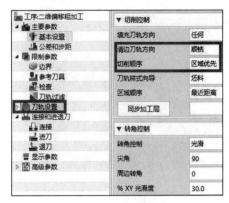

图 3.3.19 刀轨设置

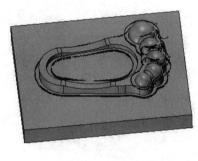

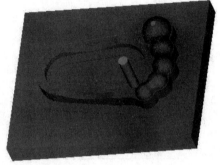

图 3.3.20 刀路结果

13) 精铣凸台内轮廓(轮廓切削 1)。 选择 "2 轴铣削" 选项卡中的 "轮廓" 命令(图 3.3.21),在刀具管理里新建 D8 平刀(直径 8mm),特征选择 "轮廓 3",加工参数按加工工序表里的参数设置,其余的重要参数设置如图 3.3.22~图 3.3.26 所示,结果如图 3.3.27 所示。

图 3.3.21 选择 "2 轴铣削" 选项卡中的 "轮廓"

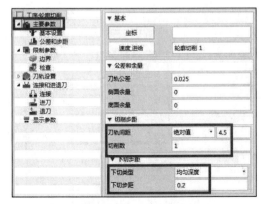

图 3.3.22 主要参数设置

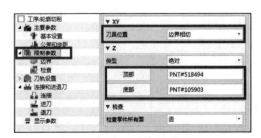

图 3.3.23 限制参数

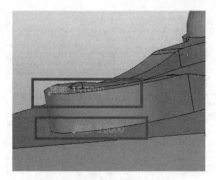

图 3.3.24　最高点与最低点

图 3.3.25　刀轨设置

图 3.3.26　进退刀模式

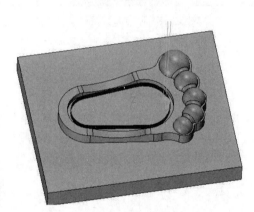

图 3.3.27　刀路结果

14) 精铣凸台外轮廓(轮廓切削 2)。 选择"2 轴铣削"选项卡中的"轮廓"，选取 D8 平刀，特征选择"轮廓 2"，加工参数按加工工序表里的参数设置，其余的重要参数如图 3.3.28～图 3.3.33 所示，刀路结果如图 3.3.34 所示。

图 3.3.28　选择"2 轴铣削"选项卡中的"轮廓"

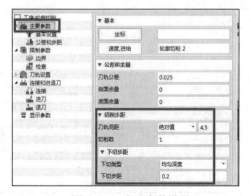

图 3.3.29　主要参数设置

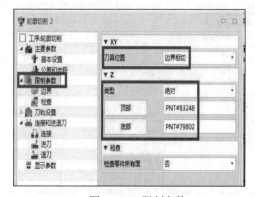

图 3.3.30　限制参数

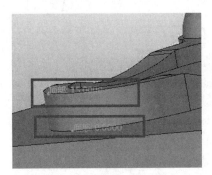

图 3.3.31　最高点与最低点

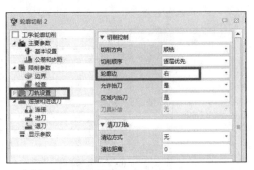

图 3.3.32　刀轨设置

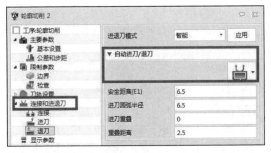

图 3.3.33　进退刀方式

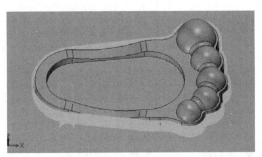

图 3.3.34　刀路结果

☆注意

刀轨设置轮廓边选择"右"，否则刀路轨迹会在轮廓内侧。

15) 精铣工件轮廓底面(螺旋切削 1)。选择"2 轴铣削"选项卡中的"螺旋"命令(如图 3.3.35 所示)，刀具选择 D8，特征选择"轮廓 2"和"轮廓 4"，加工参数按加工工序表里的参数设置，其余参数设置如图 3.3.36～图 3.3.42 所示，结果如图 3.3.43 所示。

图 3.3.35　"2 轴铣削"选项卡中的"螺旋"切削

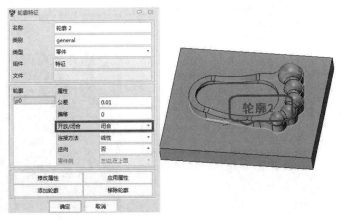

图 3.3.36　选择"轮廓 2"

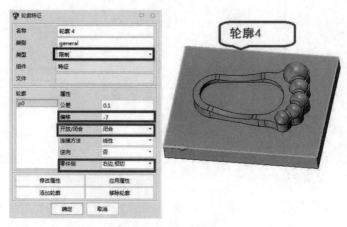

图 3.3.37　选择"轮廓 4"

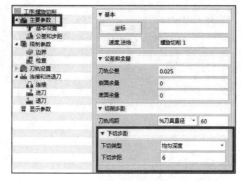

图 3.3.38　主要参数选择

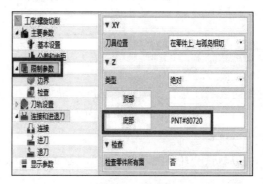

图 3.3.39　限制参数

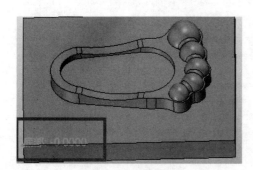

图 3.3.40　底部限制

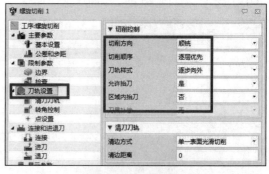

图 3.3.41　刀轨设置

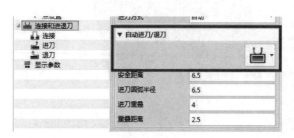

图 3.3.42　进退刀

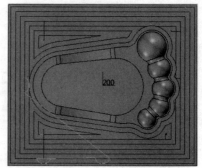

图 3.3.43　刀路结果

☆说明

(1) "轮廓 1"与"轮廓 4"的轮廓虽然一样，但是参数不一样，所以要设置新的轮廓。

(2) "限制参数"中的"底部"参数设置如图 3.3.40 所示。

16) 精铣工件轮廓底面(螺旋切削 2)。 选择"2 轴铣削"选项卡中的"螺旋"命令(如图 3.3.44 所示)，刀具选择 D8R0.3，特征选择"轮廓 3"，加工参数按加工工序表里的参数设置，其余参数设置如图 3.3.45～图 3.3.47 所示，结果如图 3.3.48 所示。

图 3.3.44　选择"2 轴铣削"选项卡中的"螺旋"

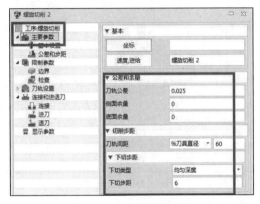

图 3.3.45　主要参数选择

图 3.3.46　刀具位置

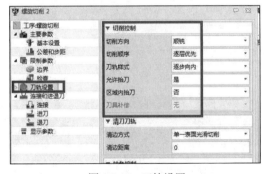

图 3.3.47　刀轨设置

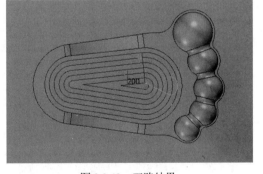

图 3.3.48　刀路结果

☆注意

(1) "刀具位置"选择"边界相切"。

(2) "刀轨设置"中的"刀轨样式"选择"逐步向内"。

17) 精铣球面(角度限制)。 选择"3 轴快速铣削"选项卡中的"角度限制"命令(如图 3.3.49 所示)，刀具选择 D6R3 球刀，特征选择"曲面 2"，加工参数按加工工序表里的参数设置，其余的参数设置如图 3.3.50～图 3.3.54 所示，结果如图 3.3.55 所示。

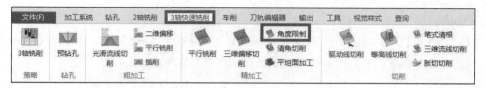

图 3.3.49　角度限制

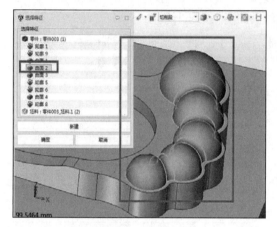

图 3.3.50　曲面 2 选择

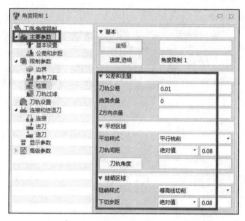

图 3.3.51　主要参数设置

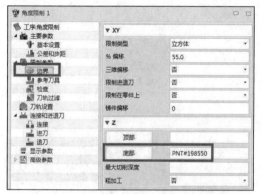

图 3.3.52　限制参数

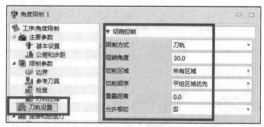

图 3.3.53　刀轨设置

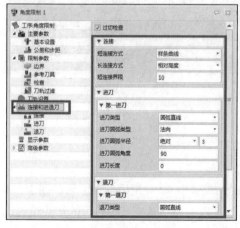

图 3.3.54　连接和进退刀

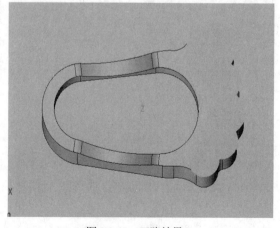

图 3.3.55　刀路结果

18) 精铣左侧凹面(三维偏移切削 1)。选择"3 轴快速铣削"选项卡的"三维偏移切削"命令，刀具选择 D10R5 球刀，特征选择"曲面 3"(图 3.3.56)和"轮廓 5"(图 3.3.57)，加工参数按加工工序表里的参数设置，其余的参数设置如图 3.3.58～图 3.3.60 所示，结果如图 3.3.61所示。

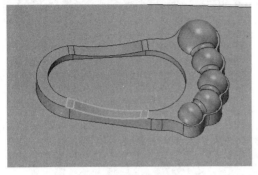

图 3.3.56　选择曲面 3

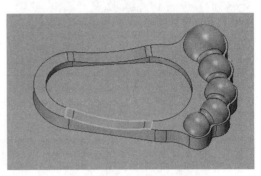

图 3.3.57　选择轮廓 5

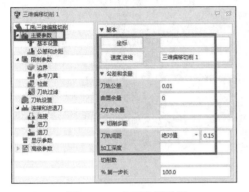

图 3.3.58　主要参数设置

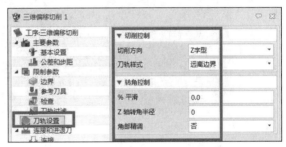

图 3.3.59　刀轨设置

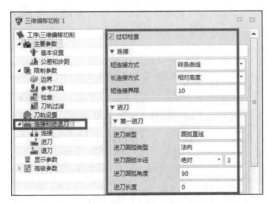

图 3.3.60　连接和进退刀

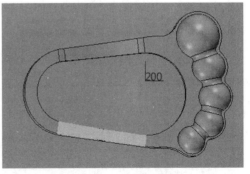

图 3.3.61　刀路结果

19) 精铣左侧凹面(三维偏移切削 2)。选择"3 轴快速铣削"选项卡中的"三维偏移切削"命令，刀具选择 D10R5 球刀，特征选择"曲面 4"(图 3.3.62)和"轮廓 6"(图 3.3.63)，加工参数按加工工序表里的参数设置，其余的参数设置与上一步骤相同，刀路结果如图 3.3.64所示。

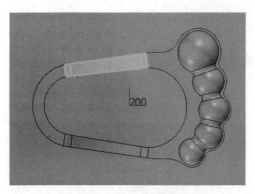

图 3.3.62 选择曲面 4

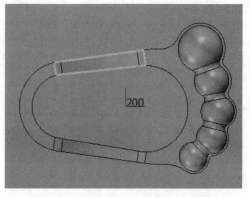

图 3.3.63 选择轮廓 6

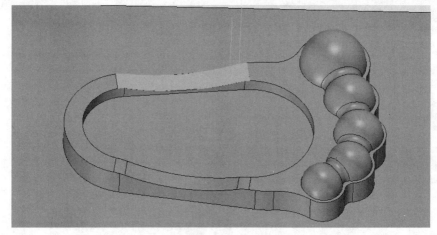

图 3.3.64 刀路结果

20) **精铣底面(螺旋切削)**。选择"2 轴铣削"选项卡的"螺旋"命令，刀具选择 D3。特征选择"轮廓 10""轮廓 8"和"轮廓 7"，如图 3.3.65～图 3.3.67 所示。"轮廓 8"在特征设定中"类型"应选择为"限制"，如图 3.3.68 所示。加工参数按加工工序表里的参数设置，其余参数设置如图 3.3.69～图 3.3.72 所示，刀路结果如图 3.3.72 所示。

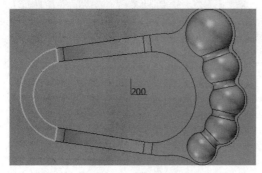

图 3.3.65 选择轮廓 10

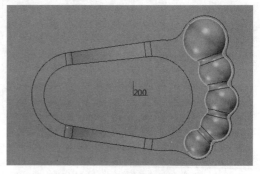

图 3.3.66 选择轮廓 8

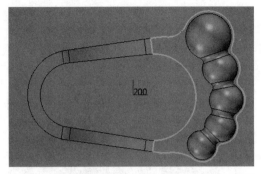

图 3.3.67　选择轮廓 7

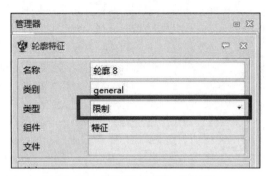

图 3.3.68　"类型"选择为"限制"

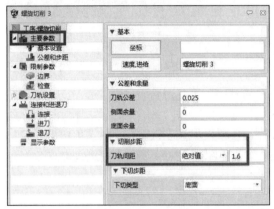

图 3.3.69　主要参数

图 3.3.70　限制参数

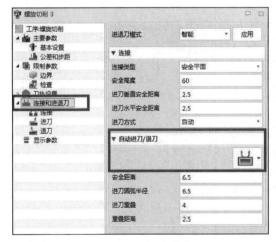

图 3.3.71　连接和进退刀

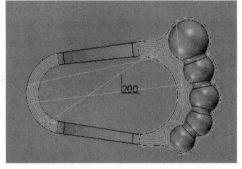

图 3.3.72　刀路结果

21) 仿真与仿真结果。选择"管理器"中的"工序",选择所有加工工序,单击鼠标右键,选择"实体仿真",如图 3.3.73 所示。仿真结果如图 3.3.74 所示。

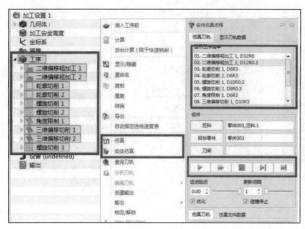

图 3.3.73　实体仿真　　　　　　　　　　　　图 3.3.74　仿真结果

22) 设置加工设备。 选择"管理器"中的"设备"，双击鼠标左键，进入如图 3.3.75 所示的"设备管理器"页面，"类别"选择"3 轴机械设备"，"子类"选择"旋转头"，"后置处理器配置"选择 ZW_Fanuc_3X，最后单击"确定"按钮。

23) 后置处理。 选择"管理器"中的"工序"，单击鼠标左键，在下拉菜单中选择"输出"，"输出"的子菜单中选择"输出所有 NC"，如图 3.3.76 所示，后置处理完毕后的程序如图 3.3.77 所示。

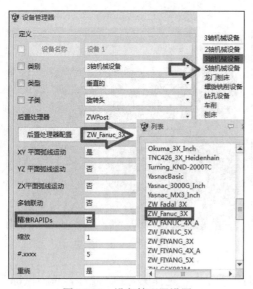

图 3.3.75　设备管理器设置　　　　　　　　　图 3.3.76　后置处理

图 3.3.77　后置处理后的程序

【任务小结】

本任务主要分析一个脚丫按摩器的凸模零件的加工工艺。通过中望 3D 软件的 2、3 轴铣削功能，给定加工参数，设置加工刀具，选择加工设备种类，进行后置处理并完成加工。通过对该案例的工艺分析及编程的实施，让学生理解中望 3D 编程软件的加工策略，懂得根据实际零件的需要合理选择 2 或者 3 轴策略来达到目的，并能设置合理的加工参数，考虑加工过程中的加工细节，最终加工出合格的零件。

3 轴编程练习题

1. 使用中望 3D 软件的 3 轴加工策略编制如下图所示的加工程序，材料为 45#，毛坯为板(三维造型可扫封底二维码下载)。

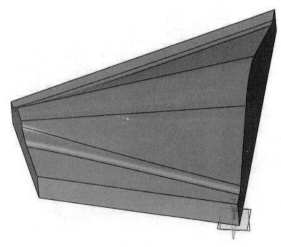

2. 使用中望 3D 软件的 3 轴加工策略编制如下图所示的加工程序，材料为 45#，毛坯为板(三维造型可扫封底二维码下载)。

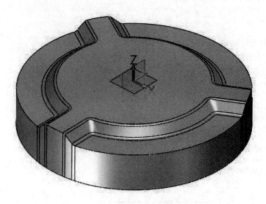

3、使用中望 3D 软件的 3 轴加工策略编制如下图所示的加工程序，材料为 45#，毛坯为板(三维造型可扫封底二维码下载)。

4. 使用中望 3D 软件的 3 轴加工策略编制如下图所示的加工程序，材料为 45#，毛坯为板(三维造型可扫封底二维码下载)。

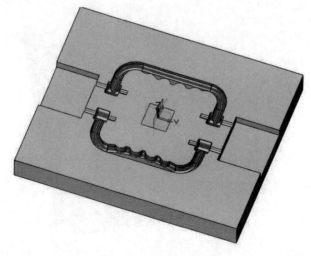

项目四　综合实例

项目描述(导读+分析)

　　本项目主要通过四个任务的实施,指导学员综合使用中望 3D 软件加工策略,根据图纸的加工要求,拟定加工工艺,选择加工刀具编制加工程序。同时还要注意加工细节,掌握参数的含义,优化加工刀路,注意零件的装夹对加工刀路的影响,最终掌握中望 3D 软件的编程。

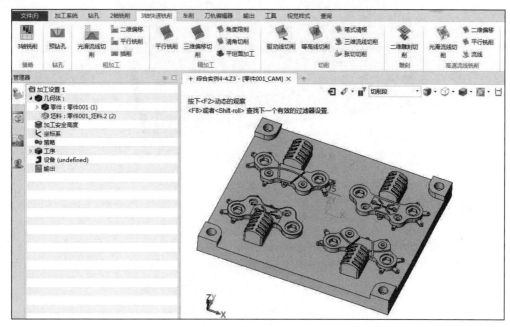

知识目标

　　1. 掌握数控铣削模具的工艺流程;
　　2. 掌握中望 3D 软件加工模具的刀具和装夹方式;
　　3. 掌握中望 3D 软件加工策略的综合应用。

能力目标

　　1. 通过该项目的实施,具备使用中望软件编写模具加工程序的能力;
　　2. 具备设置合理加工参数、优化加工刀路、提高加工效益的能力。

任务 4.1　综合实例 1

图 4.1.1 显示了加工零件图。

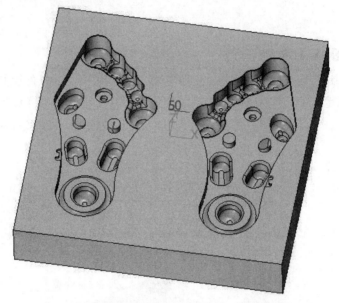

图 4.1.1　加工零件图(三维图可扫封底二维码下载)

【知识目标】

1. 学会分析复杂内型腔类零件的 3 轴铣削加工工艺;
2. 学会中望 2、3 轴铣削型腔类零件的编程流程;
3. 根据实际零件的加工需要，选择合适的中望 3D 软件编程策略;
4. 编程过程中注重加工细节，能合理选择刀具及切削参数;
5. 能够理解中望 3D 编程软件的参数含义，有效地设置加工参数，达到加工目的。

【任务分析】

从图纸本身出发，该零件结构复杂，加工内容多，加工种类也多，涉及型腔、曲面、平面、倒角和局部的小凸台、孔等特征，这需要综合应用中望 3D 软件的 2 轴、3 轴加工策略，精准分析加工工艺，选择合理加工策略，设置合理的加工参数。由于加工内容较多，还要考虑刀具寿命及换刀次数。其中零件图纸并没有标注尺寸公差与形位公差，也没有技术要求，是常见模具加工过程中的一类零件，基本按一般模具的要求进行工艺的设置。主要的编程思路是根据零件的结构选择由大到小的粗加工刀具先粗加工，再依据各部位的结构特征，选择合适的加工刀具与加工策略进行精加工，综合以上考虑，拟定加工工艺流程;加工工序表如表 4.1.1 所示。

表 4.1.1　加工工序表

工序	工序内容	S/(r/min)	F/(mm/min)	Ap/mm	T	余量/mm	说明
1	粗加工 (二维偏移粗加工 1)	1800	2000	0.3	D25R5 牛鼻刀	侧面余量 0.25 底面余量 0.25	
2	二次开粗 (二维偏移粗加工 2)	3200	2500	0.3	D10R0.3 牛鼻刀	侧面余量 0.2 底面余量 0.15	粗铣第 1 道工序 剩余坯料
3	二次开粗 (二维偏移加工 3)	3200	2500	0.3	D10R0.3 牛鼻刀	侧面余量 0.2 底面余量 0.15	粗铣第 1 道工序 剩余坯料
4	半精加工 (二维偏移切削 4)	4000	2000	0.3	D4R0.3 牛鼻刀	侧面余量 0.2 底面余量 0.15	半精铣第 1 道工 序剩余坯料
5	半精加工 (二维偏移切削 5)	4000	2000	0.3	D4R0.3 牛鼻刀	侧面余量 0.2 底面余量 0.15	半精铣第 1 道工 序剩余坯料
6	精铣左边凹件轮廓 (轮廓切削 1)	4500	2000	0.2	D4R0.3 牛鼻刀	0	
7	精铣右边凹件轮廓 (轮廓切削 2)	4500	2000	0.2	D4R0.3 牛鼻刀	0	
8	精铣槽 (三维偏移切削 1)	4000	2000	0.15	D6R0.3 牛鼻刀	0	
9	精铣孔 (三维偏移切削 2)	4000	2000	0.15	D6R0.3 牛鼻刀	0	
10	精铣左边曲面 (三维偏移切削 3)	4500	2000	0.15	D6R3 球刀	0	
11	精铣右边曲面 (三维偏移切削 4)	4500	2000	0.15	D6R3 球刀	0	
12	精铣左边底面 (三维偏移切削 5)	5500	1500	0	D3R0.3 牛鼻刀	0	
13	精铣右边底面 (三维偏移切削 6)	5500	1500	0	D3R0.3 牛鼻刀	0	
14	精铣凸台曲面 (三维偏移切削 7)	4500	2000	0.1	D4R0.3 牛鼻刀	0	
15	精铣凸台端面 (三维偏移切削 8)	4500	2000	0.1	D4R0.3 牛鼻刀	0	
16	半精铣顶槽 (二维偏移切削 6)	6000	1000	0.08	D2R0.1 牛鼻刀	侧面余量 0.1 底面余量 0.1	
17	精铣左边顶槽轮廓 (轮廓切削 3)	6000	1000	0.08	D2R0.1 牛鼻刀	0	

工序	工序内容	S/ (r/min)	F/ (mm/min)	Ap/ mm	T	余量/ mm	说明
18	精铣右边顶槽轮廓 (轮廓切削 4)	6000	1000	0.08	D2R0.1 牛鼻刀	0	
19	精铣顶槽底面 (螺纹切削 1)	6000	1000	0	D2R0.1 牛鼻刀	0	

表 4.1.2 列出了中望 3D 编程步骤。

表 4.1.2　中望 3D 编程步骤

序号	工序内容	刀路简图
1	粗加工 (二维偏移粗加工 1)	
2	二次开粗 (二维偏移粗加工 2)	
3	二次开粗 (二维偏移粗加工 3)	

(续表)

序号	工序内容	刀路简图
4	半精加工 (二维偏移切削 4)	
5	半精加工 (二维偏移切削 5)	
6	精铣左边凹件轮廓 (轮廓切削 1)	
7	精铣右边凹件轮廓 (轮廓切削 2)	
8	精铣槽 (三维偏移切削 1)	

序号	工序内容	刀路简图
9	精铣孔 (三维偏移切削 2)	
10	精铣左边曲面 (三维偏移切削 3)	
11	精铣右边曲面 (三维偏移切削 4)	
12	精铣左边底面 (三维偏移切削 5)	
13	精铣右边底面 (三维偏移切削 6)	

(续表)

序号	工序内容	刀路简图
14	精铣凸台曲面 （三维偏移切削 7）	
15	精铣凸台端面 （三维偏移切削 8）	
16	半精铣顶槽 （二维偏移切削 6）	
17	精铣左边顶槽轮廓 （轮廓切削 3）	
18	精铣右边顶槽轮廓 （轮廓切削 4）	

(续表)

序号	工序内容	刀路简图
19	精铣顶槽底面 (螺纹切削 1)	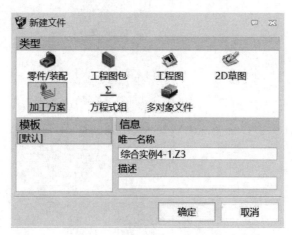

【任务实施】

1)　创建加工零件。 打开桌面"中望 3D"快捷方式，单击"新建"按钮，如图 4.1.2 所示。"类型"选择"加工方案"，"模板"选择"默认"，命名为"综合实例 4-1"，如图 4.1.3 所示；注意命名文件的后缀为*.Z3。单击"确定"按钮进入加工界面。

图 4.1.2　单击"新建"按钮

图 4.1.3　选择加工方案并命名

2)　调入几何体。 选择"几何体"选项卡(图 4.1.4)，然后单击"打开"命令。单击存放对应文件的目录，选择需要编程的三维文件。单击"确定"调入几何体(图 4.1.5)。

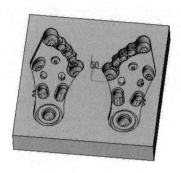

图 4.1.4　选择"几何体"选项卡　　　　　图 4.1.5　几何体

☆注意

三维编程零件的坐标系与加工中设置的坐标系要保持一致。

3) 添加坯料。 选择"添加坯料"选项卡(图 4.1.6)，然后单击"长方体"命令，坯料参数设置如图 4.1.7 所示。

图 4.1.6　添加坯料

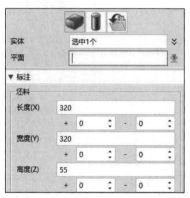

图 4.1.7　坯料参数设置

4) 设置刀具。 选择"刀具"选项卡，依据加工工艺的安排表格，设置 D25R5 牛鼻刀(图 4.1.8)、D4R0.3 牛鼻刀(图 4.1.9)、D10R0.3 牛鼻刀(图 4.1.10)、D6R0.3 牛鼻刀(图 4.1.11)、D6R3 球刀(图 4.1.12)、D3R0.3 牛鼻刀(图 4.1.13)和 D2R0.1 牛鼻刀(图 4.1.14)。

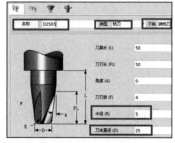

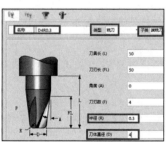

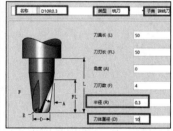

图 4.1.8　创建 D25R5 牛鼻刀　　　图 4.1.9　创建 D4R0.3 牛鼻刀　　　图 4.1.10　创建 D10R0.3 牛鼻刀

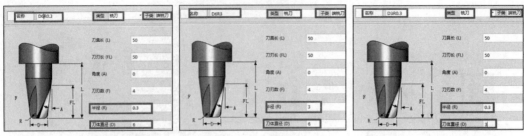

图 4.1.11　创建 D6R0.3 牛鼻刀　　　图 4.1.12　创建 D6R3 球刀　　　图 4.1.13　创建 D3R0.3 牛鼻刀

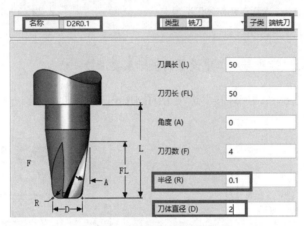

图 4.1.14　创建 D2R0.1 牛鼻刀

5) 粗加工(二维偏移粗加工 1)。选择"3 轴快速铣削"选项卡的"二维偏移"命令(图 4.1.15)。特征选择"零件"。

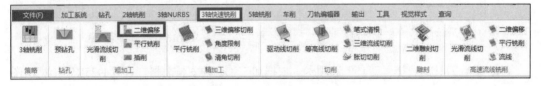

图 4.1.15　3 轴粗加工策略选择

☆说明

(1) 二维偏移粗加工用于坯料的二维区域清理。先计算刀具轨迹，然后投影到加工几何体中。

(2) 特征直接选择"零件"，编程时可以自动识别加工区域。如果结构较复杂，也可将"坯料"一起选择为特征。

6) 进给与速度设置。选择"工序"选项卡的"参数"命令，选择"主要参数"中的"速度，进给"，依据拟定的工艺参数，设置对应粗、精加工的主轴速度和进给速度，如图 4.1.16所示。

7) 设置主要参数。选择"工序"选项卡的"参数"命令，选择"主要参数"，参数设置情况如图 4.1.17 所示，其余参数按照拟定工艺设置。

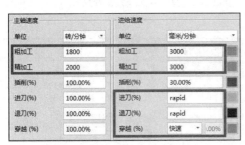

图4.1.16　选择主轴速度和进给速度

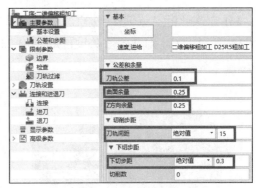

图4.1.17　主要参数

8) 设置限制参数。 限制参数使用默认值。

9) 刀轨设置。 选择"工序"选项卡的"参数"命令，选择"刀轨设置"，参数设置情况如图4.1.18所示，其中"清边刀轨方向"选择"顺铣"，其余参数使用默认值。

10) 连接和进退刀。 选择"工序"选项卡的"参数"命令，选择"连接和进退刀"，进行参数设置，其中"进刀类型"选择"螺旋斜向圆弧"，如图4.1.19所示。

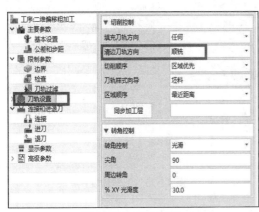

图4.1.18　刀轨设置

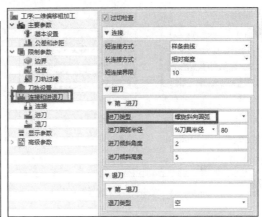

图4.1.19　连接和进退刀设置

11) 特征轮廓。 特征选择"零件"。

12) 刀路与仿真。 选择"参数"选项卡中的"计算"命令，完成刀路的计算(如图4.1.20)，选择"实体仿真"，仿真结果如图4.1.21所示。

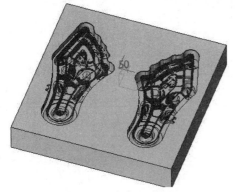

图4.1.20　加工刀路

图4.1.21　仿真结果

13) 二次开粗(二维偏移粗加工 2)。 复制"二维偏移粗加工 1"，刀具选择 D10R0.3，特征选择"轮廓 1"(图 4.1.22)，参数设置如图 4.1.23～图 4.1.27 所示，刀路与仿真结果如图 4.1.28 所示。

图 4.1.22　轮廓 1

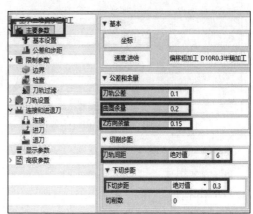

图 4.1.23　主要参数设置

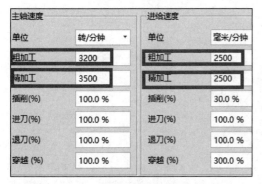

图 4.1.24　主轴速度和进给速度

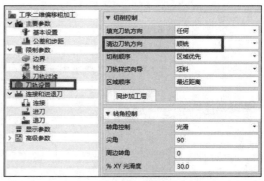

图 4.1.25　刀轨设置

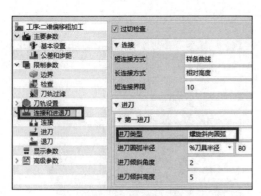

图 4.1.26　连接进退刀设置

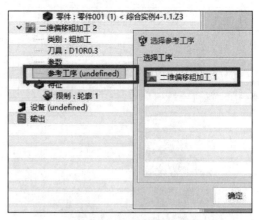

图 4.1.27　参考工序选择

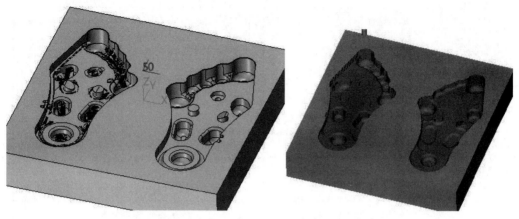

图 4.1.28 刀路与仿真结果

14) 二次开粗(二维偏移粗加工 3)。 复制"二维偏移粗加工 1",刀具选择 D10R0.3,创建特征"轮廓 2"(图 4.1.29),参数设置如图 4.1.30～图 4.1.34 所示,刀路与仿真结果如图 4.1.35 所示。

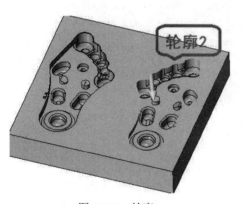

图 4.1.29 轮廓 2

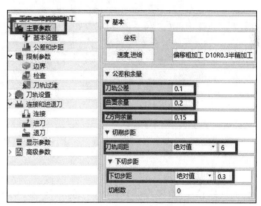

图 4.1.30 主要参数设置

图 4.1.31 主轴速度和进给速度设置

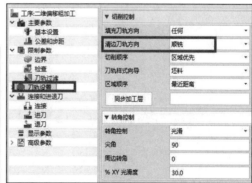

图 4.1.32 刀轨设置

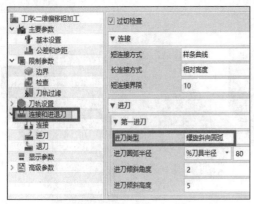

图 4.1.33　连接和进退刀设置

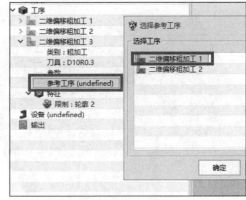

图 4.1.34　参考工序选择

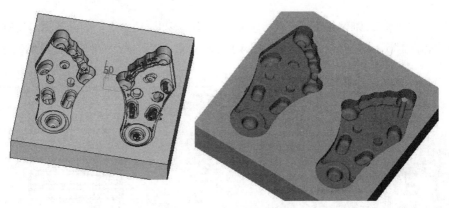

图 4.1.35　刀路与仿真结果

☆说明

使用 D10R0.3 刀具进行开粗时，可以两边轮廓一起编程，也可以各自单独编程。后置处理时，相同的刀具也可以一起进行后置处理，一起加工。本案例采用分开编程，主要是为了便于刀具磨损后换刀。

15) 半精加工(二维偏移切削 4)。选择"二维偏移粗加工 1"，刀具选择 D4R0.3，特征选择"轮廓 1"(图 4.1.36)，参数设置如图 4.1.37～图 4.1.41 所示，刀路与仿真结果如图 4.1.42 所示。

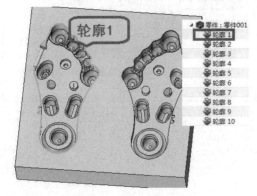

图 4.1.36　选择"轮廓 1"

图 4.1.37　主要参数设置

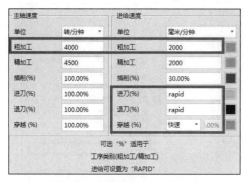

图 4.1.38　主轴速度与进给速度设置

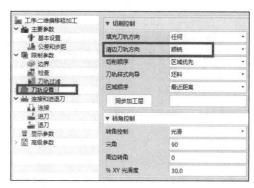

图 4.1.39　刀轨设置

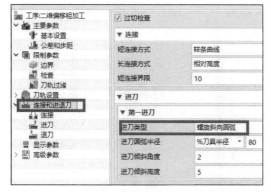

图 4.1.40　连接和进退刀设置

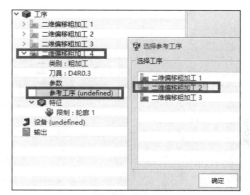

图 4.1.41　参考工序选择

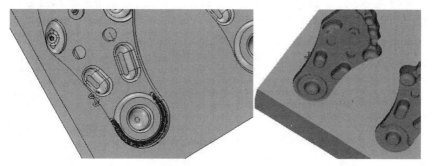

图 4.1.42　刀路与仿真结果

☆说明

(1) "刀轨公差"设为 0.1mm，公差小于加工余量即可，但可以减少刀路计算时间，加快编程速度。

(2) "下切步距"要根据加工材料、刀具及机床功率来设定，一般材料越软，背吃刀量越大，正常 45#钢用 D10 的硬质合金刀具加工，一般取 0.1～0.5mm 之间。

16) 半精加工(二维偏移切削 5)。选择"二维偏移粗加工 1"，刀具选择 D4R0.3，特征选择"轮廓 2"(图 4.1.43)，参数设置如图 4.1.44～图 4.1.48 所示，刀路及仿真结果如图 4.1.49 所示。

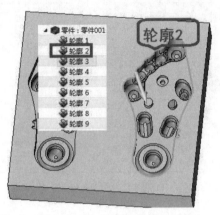

图 4.1.43　选择"轮廓 2"

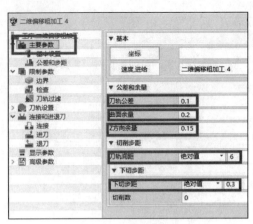

图 4.1.44　主要参数设置

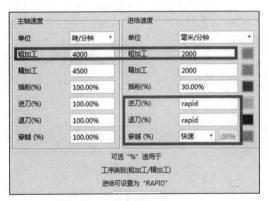

图 4.1.45　主轴速度和进给速度设置

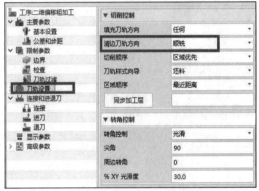

图 4.1.46　刀轨设置

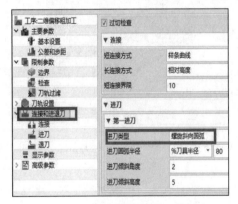

图 4.1.47　连接和进退刀设置

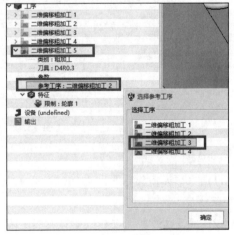

图 4.1.48　参考工序选择

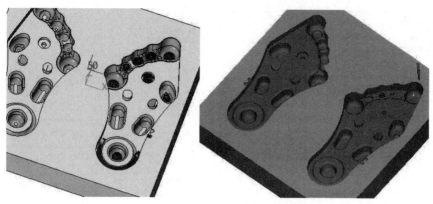

图 4.1.49　刀路与仿真结果

17) 精铣左边凹件轮廓(轮廓切削 1)。 选择 "2 轴铣削" 选项卡的 "轮廓" 命令，刀具选择 D4R0.3 牛鼻刀。创建特征 "轮廓 7"(图 4.1.50)，参数设置如图 4.1.51～图 4.1.55 所示，刀路与仿真结果如图 4.1.56 所示。

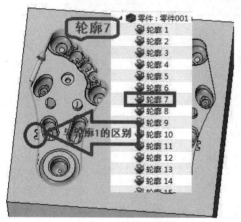

图 4.1.50　选择 "轮廓 7"

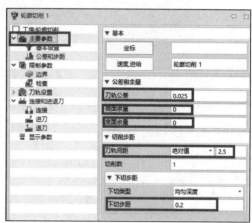

图 4.1.51　主要参数设置

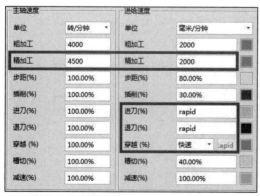

图 4.1.52　主轴速度和进给速度设置

图 4.1.53　限制参数设置

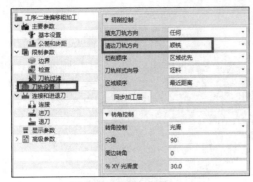

图 4.1.54　刀轨设置

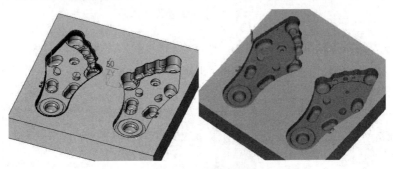

图 4.1.55　连接和进退刀设置

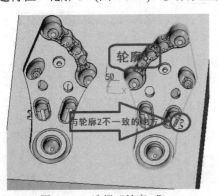

图 4.1.56　刀路与仿真结果

18) 精铣右边凹件轮廓(轮廓切削 2)。 复制"轮廓切削 1",刀具选择 D4R0.3 牛鼻刀。
创建特征"轮廓 8"(图 4.1.57),参数设置如图 4.1.58～图 4.1.61 所示,结果如图 4.1.62 所示。

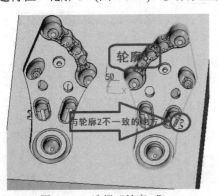

图 4.1.57　选择"轮廓 8"

图 4.1.58　主要参数设置

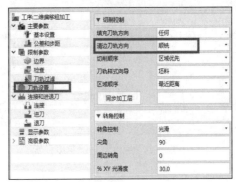

图 4.1.59　主轴速度和进给速度设置　　　　　图 4.1.60　刀轨设置

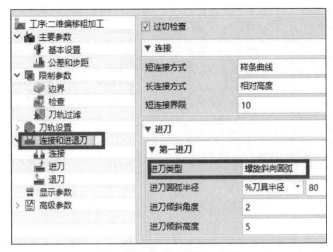

图 4.1.61　连接和进退刀设置

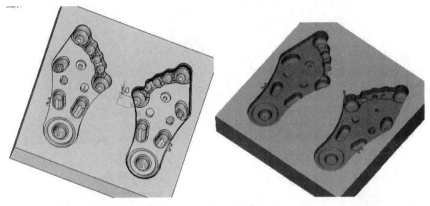

图 4.1.62　刀路与仿真结果

19) 精铣槽(三维偏移切削 1)。选择"3 轴快速铣削"选项卡的"三维偏移切削"命令，刀具选择 D6R0.3，创建特征"轮廓 3"(图 4.1.63)，参数设置如图 4.1.64～图 4.1.68 所示，刀路与仿真结果如图 4.1.69 所示。

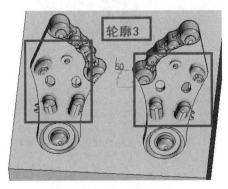

图 4.1.63　选择"轮廓 3"

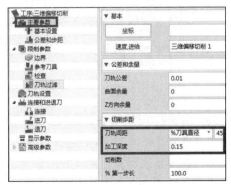

图 4.1.64　主要参数设置

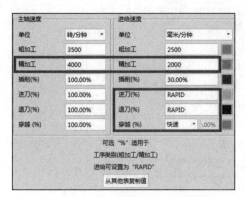

图 4.1.65　主轴速度、进给速度设置

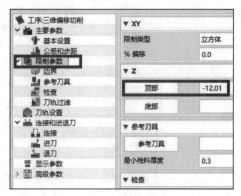

图 4.1.66　限制参数设置

图 4.1.67　刀轨设置

图 4.1.68　连接和进退刀设置

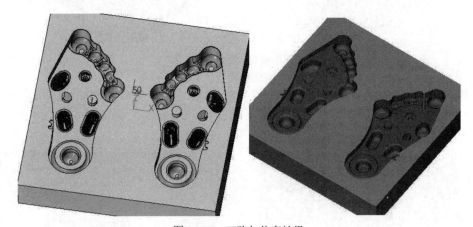

图 4.1.69　刀路与仿真结果

20) 精铣孔(三维偏移切削 2)。选择"3 轴快速铣削"选项卡的"三维偏移切削"命令，刀具选择 D6R0.3，特征选择"轮廓 3"(图 4.1.70)，参数设置如图 4.1.71～图 4.1.75 所示，刀路与仿真结果如图 4.1.76 所示。

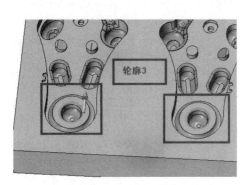

图 4.1.70　选择"轮廓 3"

图 4.1.71　主要参数设置

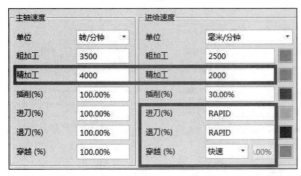

图 4.1.72　转速设置

图 4.1.73　限制参数设置

图 4.1.74　刀轨设置

图 4.1.75　连接和进退刀设置

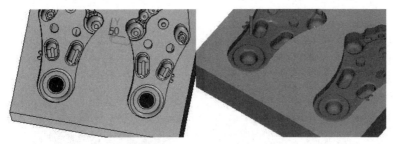

图 4.1.76　刀路与仿真结果

21) 精铣左边曲面(三维偏移切削 3)。 选择"3 轴快速铣削"选项卡的"三维偏移切削"

命令，刀具选择 D6R3 球刀，创建特征"曲面 2""轮廓 18"(图 4.1.77)，参数设置如图 4.1.78～图 4.1.82 所示，刀路与仿真结果如图 4.1.83 所示。

图 4.1.77　创建特征

图 4.1.78　主要参数设置

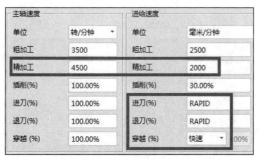

图 4.1.79　主轴速度和进给速度设置

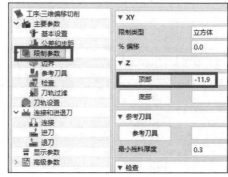

图 4.1.80　限制参数设置

图 4.1.81　刀轨设置

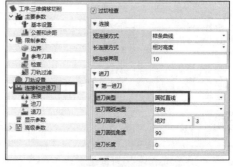

图 4.1.82　连接和进退刀设置

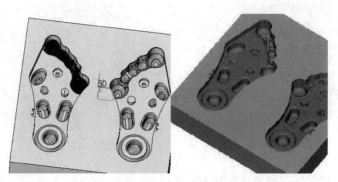

图 4.1.83　刀路与仿真结果

☆说明

(1) 采用球刀进行精加工，球刀的中心刃线速度为零，所以要适当提高球刀的转速，提高加工表面精度。

(2) 用球刀加工曲面，步距一般选择 0.05～0.3mm 之间，实际加工过程中，采用 D10R5 的硬质合金刀具加工 45#钢，采用 0.15mm 的步距，表面的刀痕已经比较明显。

22) 精铣右边曲面(三维偏移切削 4)。选择"3 轴快速铣削"选项卡中的"三维偏移切削"命令，刀具选择 D6R3 球刀，创建特征(图 4.1.84)，参数设置如图 4.1.85～图 4.1.89 所示，刀路与仿真结果如图 4.1.90 所示。

图 4.1.84　创建特征

图 4.1.85　主要参数设置

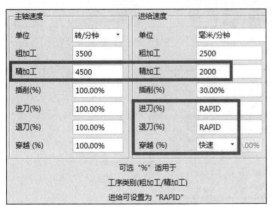

图 4.1.86　主轴速度、进给速度设置

图 4.1.87　限制参数设置

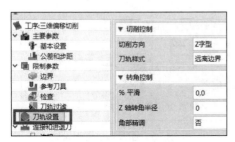

图 4.1.88　刀轨设置

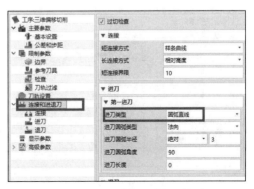

图 4.1.89　连接和进退刀设置

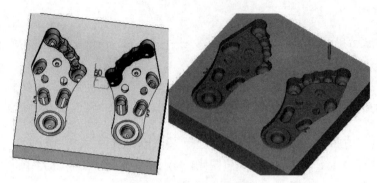

图 4.1.90　刀路与仿真结果

23) 精铣左边底面(三维偏移切削 5)。 选择 "3 轴快速铣削" 选项卡中的 "三维偏移切削" 命令，刀具选择 D3R0.3 牛鼻刀，创建特征(图 4.1.91)，参数设置如图 4.1.92～图 4.1.95 所示，刀路与仿真结果如图 4.1.96 所示。

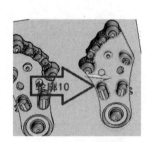
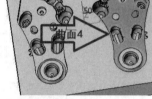

图 4.1.91　创建特征

图 4.1.92　主要参数设置

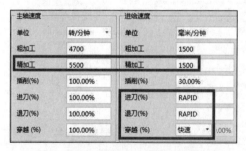

图 4.1.93　主轴速度、进给速度设置

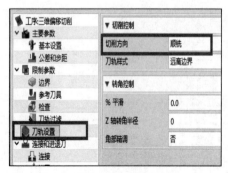

图 4.1.94　刀轨设置

图 4.1.95　连接和进退刀设置

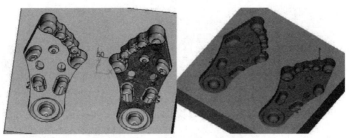

图 4.1.96 刀路与仿真结果

☆说明

采用 D3R0.3 的刀具来加工底面，主要考虑脚跟部位凸台底面刀具的通过性。

24) 精铣右边底面(三维偏移切削 6)。 选择"3 轴快速铣削"选项卡的"三维偏移切削"命令，刀具选择 D3R0.3 牛鼻刀，创建特征"曲面 3""轮廓 6"和"轮廓 9"(图 4.1.97)，参数设置及结果如图 4.1.98～图 4.1.101 所示，刀路与仿真结果如图 4.1.102 所示。

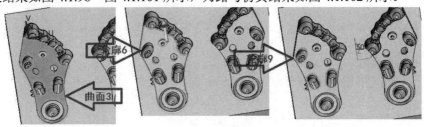

图 4.1.97 特征

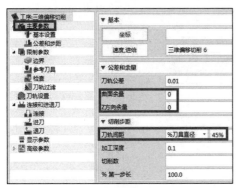

图 4.1.98 主要参数设置

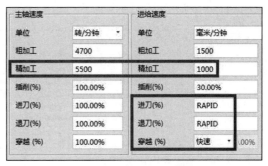

图 4.1.99 主轴速度、进给速度设置

图 4.1.100 刀轨设置

图 4.1.101 连接和进退刀设置

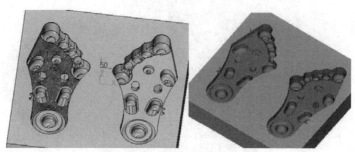

图 4.1.102　刀路与仿真结果

25) 精铣凸台曲面(三维偏移切削 7)。选择"3 轴快速铣削"选项卡中的"三维偏移切削"命令，刀具选择 D6R0.3 牛鼻刀，创建特征"轮廓 11"(图 4.1.103)，参数设置如图 4.1.104～图 4.1.108 所示，刀路与仿真结果如图 4.1.109 所示。

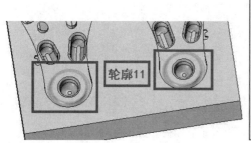

图 4.1.103　创建特征

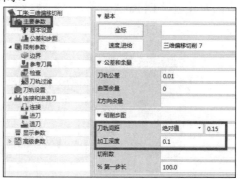

图 4.1.104　主要参数设置

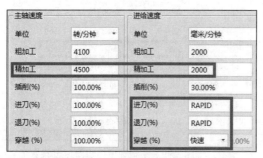

图 4.1.105　主轴速度和进给速度设置

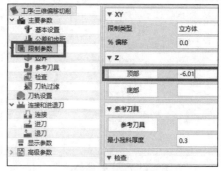

图 4.1.106　限制参数设置

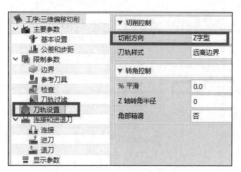

图 4.1.107　刀轨设置

图 4.1.108　连接和进退刀设置

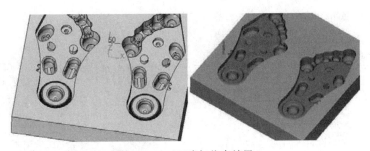

图 4.1.109　刀路与仿真结果

26) 精铣凸台端面(三维偏移切削 8)。 选择 "3 轴快速铣削" 选项卡的 "三维偏移切削" 命令，刀具选择 D4R0.3 牛鼻刀，创建特征 "轮廓 12" 和 "轮廓 13" (图 4.1.110)，参数设置如图 4.1.111~图 4.1.114 所示，刀路与仿真结果如图 4.1.115 所示。

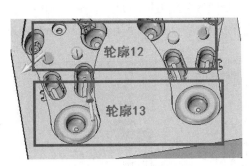

图 4.1.110　创建特征

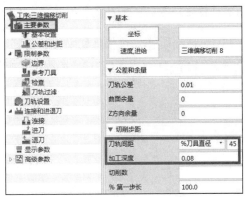

图 4.1.111　主要参数设置

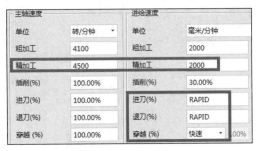

图 4.1.112　主轴速度和进给速度设置

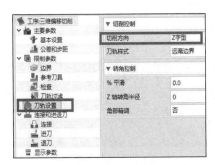

图 4.1.113　刀轨设置

图 4.1.114　连接和进退刀设置

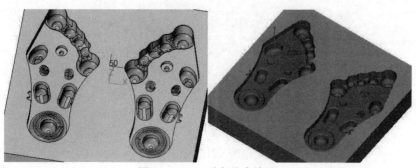

图 4.1.115　刀路与仿真结果

☆说明

选用 D2R0.1 的刀具主要是根据零件结构决定的。但刀具越小，加工刚性越差。要适当提高主轴转速，减少背吃刀量，不然很容易断刀。

27) 半精铣顶槽(二维偏移切削 6)。 选择"二维偏移粗加工"，刀具选择 D2R0.1，创建特征中的"轮廓 14"(图 4.1.116)，参数设置如图 4.1.117~图 4.1.121 所示，刀路与仿真结果如图 4.1.122 所示。

图 4.1.116　轮廓 14

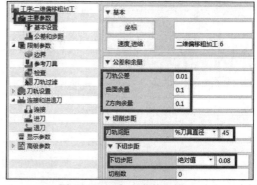

图 4.1.117　主要参数设置

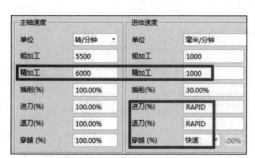

图 4.1.118　主轴速度、进给速度设置

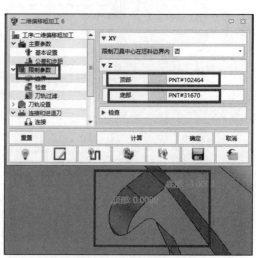

图 4.1.119　限制参数设置

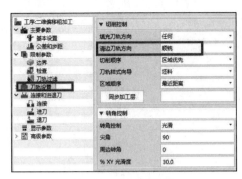

图 4.1.120 刀轨设置   图 4.1.121 连接和进退刀设置

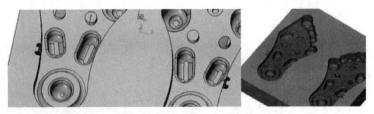

图 4.1.122 刀路与仿真结果

28) 精铣左边顶槽轮廓(轮廓切削 3)。 选择"2 轴铣削"选项卡中的"轮廓切削"命令，刀具选择 D2R0.1 牛鼻刀。创建特征"轮廓 15"(图 4.1.123)，参数设置如图 4.1.124~图 4.1.128 所示，刀路与仿真结果如图 4.1.129 所示。

图 4.1.123 轮廓 15

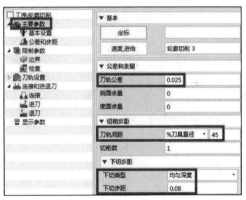

图 4.1.124 主要参数设置

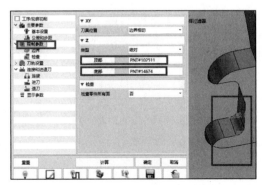

图 4.1.125 主轴速度和进给速度设置   图 4.1.126 限制参数设置

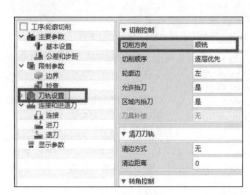

图 4.1.127　刀轨设置

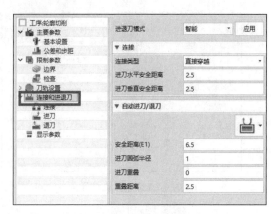

图 4.1.128　连接和进退刀设置

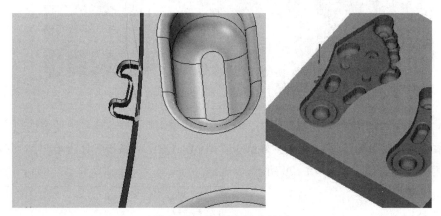

图 4.1.129　刀路与仿真结果

29) 精铣左边顶槽轮廓(轮廓切削 4)。选择"2 轴铣削"选项卡中的"轮廓切削"命令，刀具选择 D2R0.1 牛鼻刀。创建特征(图 4.1.130)，参数设置如图 4.1.131~图 4.1.135 所示，刀路与仿真结果如图 4.1.136 所示。

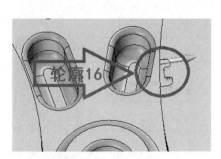

图 4.1.130　创建特征

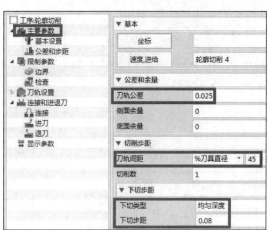

图 4.1.131　主要参数设置

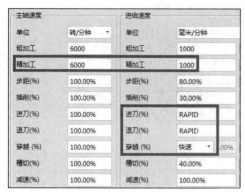

图 4.1.132 主轴速度和进给速度设置

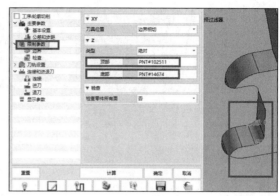

图 4.1.133 限制参数设置

图 4.1.134 刀轨设置

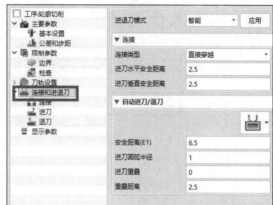

图 4.1.135 连接和进退刀设置

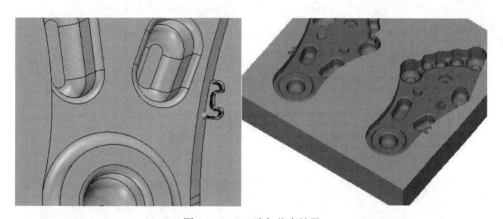

图 4.1.136 刀路与仿真结果

30) 精铣顶槽底面(螺旋切削 1)。选择"2 轴铣削"选项卡中的"螺旋"命令,刀具选择 D2R0.1 牛鼻刀。创建特征"轮廓 17"(图 4.1.137),参数设置如图 4.1.138~图 4.1.141 所示,刀路与仿真结果如图 4.1.142 所示。

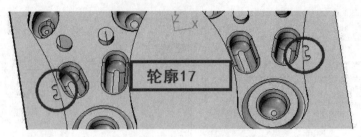

图 4.1.137　选择"轮廓 17"

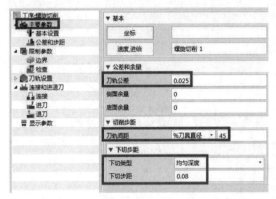

图 4.1.138　主要参数设置

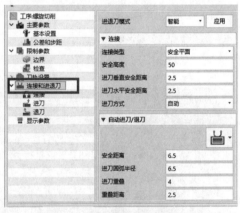

图 4.1.139　主轴速度、进给速度设置

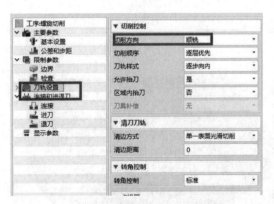

图 4.1.140　刀轨设置

图 4.1.141　连接和进退刀设置

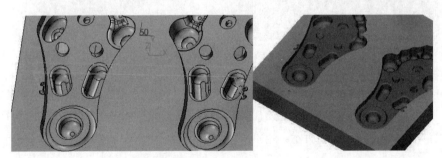

图 4.1.142　刀路与仿真结果

31) 后续的实体仿真、加工设备设置及后置处理参照前面案例。

【任务小结】

本任务主要分析一个脚丫按摩器的凹模模具的加工工艺。通过中望 3D 软件的 2、3 轴铣削功能，给定加工参数，设置加工刀具，选择加工设备种类，进行后置处理并完成加工。通过对该案例的工艺分析及编程的实施，让学生理解中望 3D 编程软件的加工策略，懂得根据实际零件的需要合理选择 2 或者 3 轴加工策略来达到加工目的，并能设置合理的加工参数，考虑加工过程中的加工细节，最终加工出合格的零件。

任务 4.2　水泵型芯模具加工

图 4.2.1 显示了加工零件图。

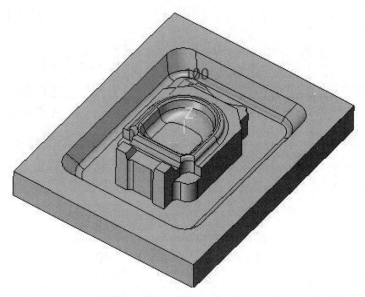

图 4.2.1　加工零件图(三维图及编程文件可通过扫封底二维码下载)

【知识目标】

1. 学会中望 3 轴铣削型腔(包含凸模等复杂曲面类零件)的编程流程；
2. 根据实际零件的加工需要，选择合适的中望 3D 软件编程策略；
3. 了解编程过程中注重加工细节，能合理选择刀具及切削参数；
4. 能够理解中望 3D 编程软件的参数含义，有效设置加工参数，达到加工目的。

【任务分析】

从图纸本身出发，该零件结构复杂，既有开放轮廓又有型腔结构，加工种类也多，涉及型腔、曲面、斜面、平面、倒角和局部小曲面等特征，这需要综合应用中望 3D 软件的 2 轴、3 轴加工策略，精准分析加工工艺，选择合理的加工策略，设置合理的加工参数。由于加工内容较多，还要考虑刀具寿命及换刀次数。其中零件图纸并没有标注尺寸公差与形位公差，也没有技术要求，是常见模具加工过程中的一类零件，基本按一般模具的要求进行工艺的设置。主要的编程思路是根据零件的结构选择由大到小的粗加工刀具先粗加工，再依据各部位的结构特征，选择合适的加工刀具与加工策略进行精加工，综合以上考虑，拟定加工工艺流程；加工工序表如表 4.2.1 所示。

表 4.2.1　加工工序表

工序	工序内容	S/ (r/min)	F/ (mm/min)	Ap/ mm	T	余量/mm	说明
1	粗加工 (二维偏移粗加工 1)	1800	3000	0.3	D50R6 牛鼻刀	侧面余量 0.3 底面余量 0.25	
2	二次开粗 (二维偏移粗加工 2)	1800	3000	0.3	D25R5 牛鼻刀	侧面余量 0.3 底面余量 0.25	粗铣第 1 道工序剩余坯料
3	半精加工 (二维偏移粗加工 3)	1800	3000	0.1	D10R0.3 牛鼻刀	侧面余量 0.3 底面余量 0.25	
4	凹槽开粗 (二维偏移粗加工 4)	4500	1500	0.12	D5R0.3 牛鼻刀	侧面余量 0.3 底面余量 0.25	
5	精铣平面 (三维偏移切削 1)	4000	1500	0.01	D10R0.3 牛鼻刀	0	
6	精铣斜壁 (三维偏移切削 2)	5000	1500	0.15	D10R5 牛鼻刀	0	
7	精铣凸台外侧 (角度限制 1)	4000	1500	刀痕高度 0.01	D10R0.3 牛鼻刀	0	
8	精铣凸台内侧 (角度限制 2)	4000	1500	刀痕高度 0.01	D10R0.3 牛鼻刀	0	
9	精铣下底面 (三维偏移切削 3)	4000	1500	刀痕高度 0.01	D10R0.3 牛鼻刀	0	
10	精铣凹槽 (角度限制 3)	5000	1000	刀痕高度 0.01	D5R0.3 牛鼻刀	0	

4.2.2 显示了编程步骤。

表 4.2.2　中望 3D 编程步骤

序号	工序内容	刀路简图
1	粗加工 (二维偏移粗加工 1)	
2	二次开粗 (二维偏移粗加工 2)	
3	半精加工 (二维偏移粗加工 3)	
4	凹槽开粗 (二维偏移粗加工 4)	
5	精铣平面 (三维偏移切削 1)	

（续表）

序号	工序内容	刀路简图
6	精铣斜壁 (三维偏移切削 2)	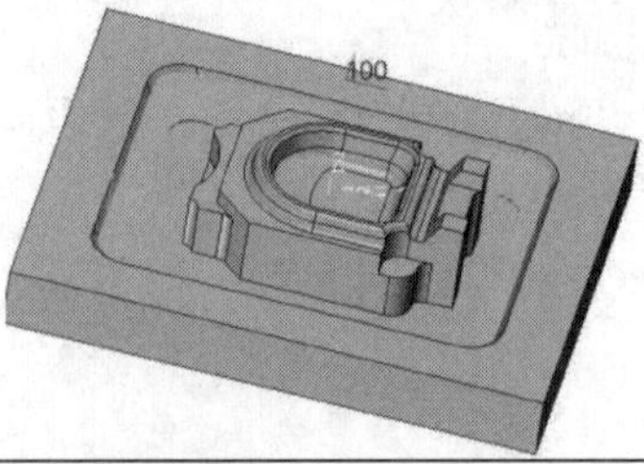
7	精铣凸台外侧 (角度限制 1)	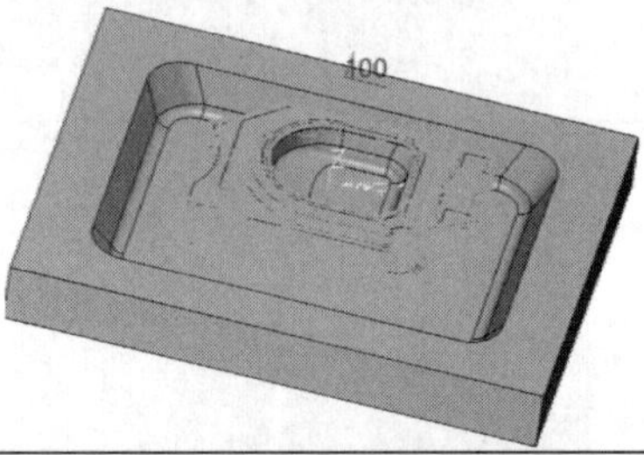
8	精铣凸台内侧 (角度限制 2)	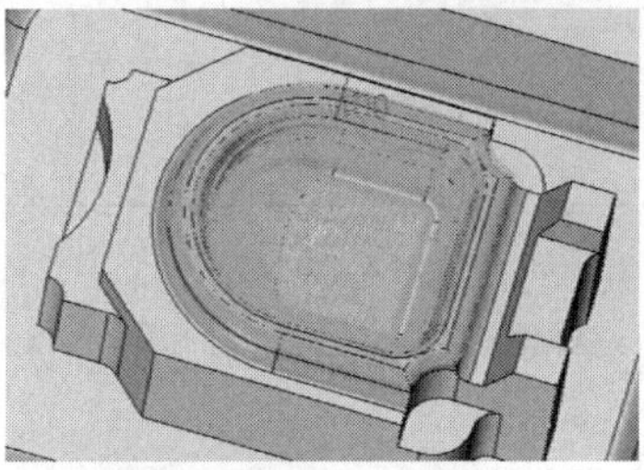
9	精铣下底面 (三维偏移切削 3)	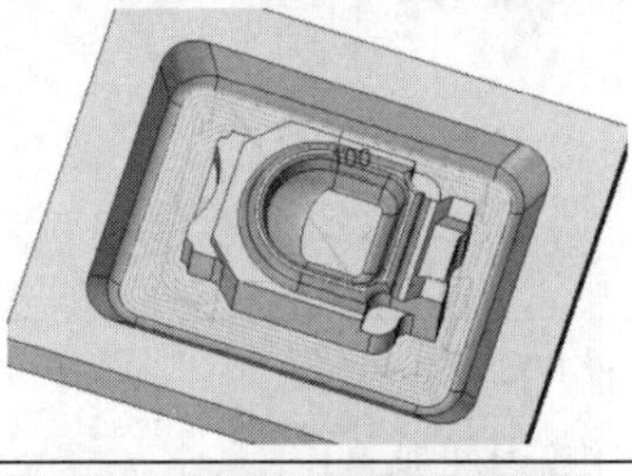
10	精铣凹槽 (角度限制 3)	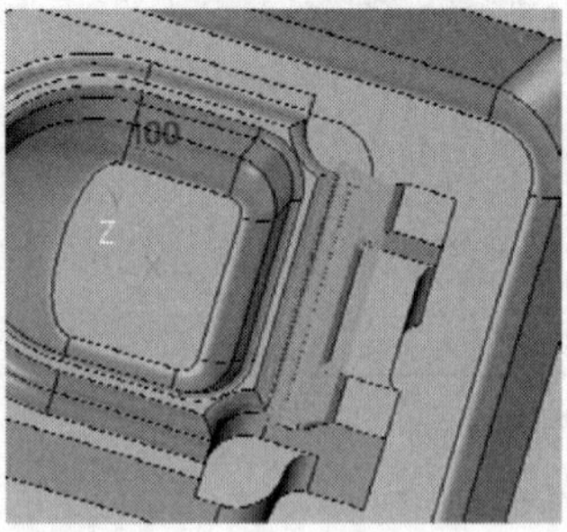

【任务实施】

1) 创建加工零件。 打开桌面"中望 3D"快捷方式，选择"新建"，如图 4.2.2 所示。"类型"选择"加工方案"，"模板"选择"默认"，命名为"水泵型芯模具加工"，如图 4.2.3 所示；注意命名文件的后缀为 *.Z3。单击"确定"进入加工界面。

图 4.2.2 选择"新建"

图 4.2.3 选择加工方案并命名

2) 调入几何体。 选择"几何体"选项卡(图 4.2.4),然后单击"打开"命令。单击存放对应文件的目录,选择需要编程的三维文件。单击"确定"调入几何体(图 4.2.5)。

图 4.2.4 选择"几何体"

图 4.2.5 几何体

☆注意

也可以直接从零件界面单击鼠标右键,选择"加工方案"进入加工界面。

3) 添加坯料。 选择"添加坯料"选项卡(图 4.2.6)中的"长方体"命令,坯料参数设置如图 4.2.7 所示。

图 4.2.6 添加坯料

图 4.2.7 坯料参数设置

4) 设置刀具。 选择"刀具"选项卡,依据加工工艺的安排表格,设置 D50R6 牛鼻刀(图4.2.8)、D25R5 牛鼻刀(图 4.2.9)、D10R0.3 牛鼻刀(图 4.2.10)、D5R0.3 牛鼻刀(图 4.2.11)和 D10R5球刀(图 4.2.12)。

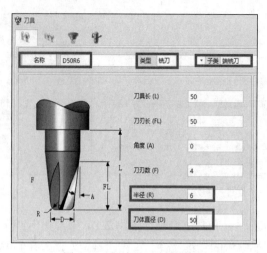

图 4.2.8　创建 D50R6 牛鼻刀

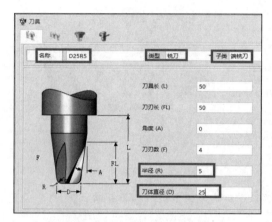

图 4.2.9　创建 D25R5 牛鼻刀

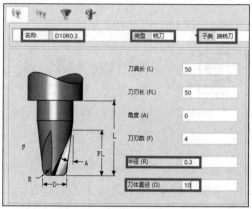

图 4.2.10　创建 D10R0.3 牛鼻刀

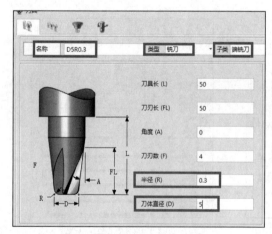

图 4.2.11　创建 D5R0.3 牛鼻刀

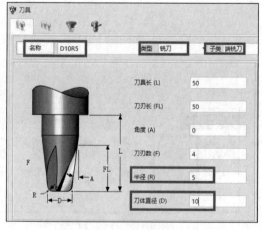

图 4.2.12　创建 D10R5 球刀

☆说明

选择刀具时，要注意零件的结构，特别是 R 角和曲率半径，还要充分考虑刀具的刚性。

5) 粗加工(二维偏移粗加工 1)。 选择 "3 轴快速铣削" 选项卡中的 "二维偏移" 命令，特征选择 "零件" 和 "轮廓1" (图 4.2.13)。

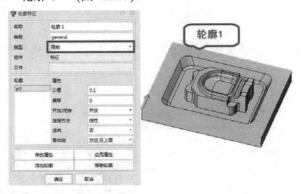

图 4.2.13　轮廓 1

☆**说明**

(1) 加工工艺遵循先粗后精的加工策略，局部特征可以单独加工。

(2) 一般模具所用的材料种类比较多，这里按45#调质处理后编程。

(3) 此处粗加工也可以试着用 "光滑流线切削" 策略试一下，仿真过程冲突点会减少，甚至优化掉，但刀路比较繁杂。

(4) 选择 "轮廓1"，可以避免刀路走到轮廓外面。

6) 进给与转速设置。 选择 "工序" 选项卡的 "参数" 命令，选择 "主要参数" 中的 "速度，进给"，依据拟定的工艺参数，设置对应粗、精加工的主轴速度和进给速度，如图 4.2.14 所示。

☆**说明**

主轴速度与刀具寿命有很大的关系，设置时最好要查一下所使用的刀片允许的线速度范围，注意刀具的线速度。

7) 设置主要参数。 选择 "工序" 选项卡的 "参数" 命令，选择 "主要参数"，主要参数设置情况如图 4.2.15 所示，其余参数按照拟定工艺设置。

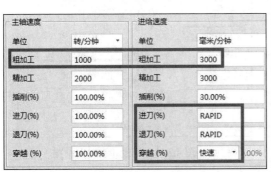

图 4.2.14　主轴速度、进给速度设置

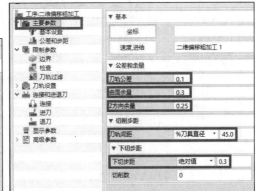

图 4.2.15　主要参数

☆说明

"下切步距"为 0.3mm, 对于加工 45 号钢来说相对保守。如果机床的功率及刚性好, 可以适当增加一些。

8) 设置限制参数。选择"工序"选项卡的"参数"命令, 选择"限制参数", 参数如图 4.2.16 所示。

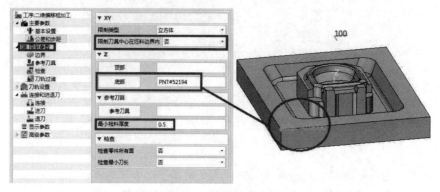

图 4.2.16　限制参数设置

☆说明

(1)　"限制刀具中心在坯料边界内"主要考虑零件在机床上的装夹周边有没有压板或者夹具, 会不会干涉, 若是敞开的, 选择"否", 若会干涉, 选择"是"。

(2)　"底部"选择板的分型面, 如图 4.2.16 中的圆圈所示。

(3)　"最小残料厚度"的值越小, 残料越小, 刀路越密集。

9) 刀轨设置。选择"工序"选项卡的"参数"命令, 选择"刀轨设置", 参数设置情况如图 4.2.17 所示。其中"清边刀轨方向"选择"顺铣", 其余参数使用默认值。

10) 连接和进退刀。选择"工序"选项卡的"参数"命令, 选择"连接和进退刀", 进行参数设置, 其中"进刀类型"选择"螺旋斜向圆弧", 其余参数如图 4.2.18 所示。

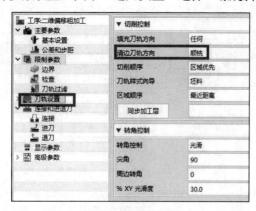

图 4.2.17　刀轨设置

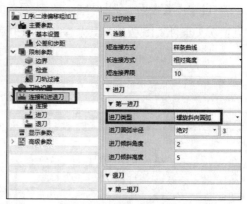

图 4.2.18　连接和进退刀设置

11) 刀路与仿真。选择"参数"选项卡中的"计算"命令，完成程序的计算，选择"实体仿真"，刀路与仿真结果如图 4.2.19 所示。

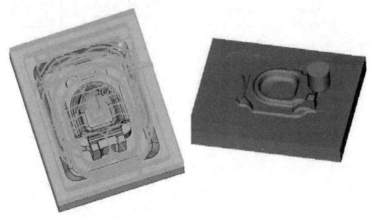

图 4.2.19 刀路与仿真结果

12) 二次开粗(二维偏移粗加工 2)。复制"二维偏移粗加工 1"，刀具选择 D25R5，特征选择"零件"，参数设置如图 4.2.20~图 4.2.25 所示，刀路如图 4.2.26 所示，仿真结果如图 4.2.27 所示。

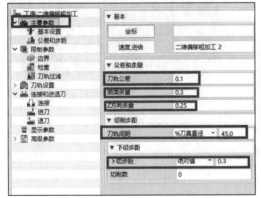

图 4.2.20 主要参数设置

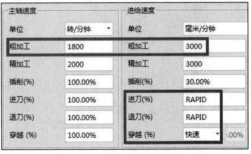

图 4.2.21 主轴速度、进给速度设置

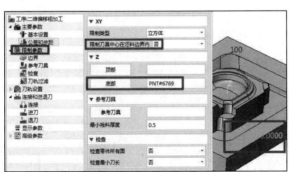

图 4.2.22 限制参数

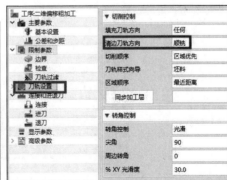

图 4.2.23 刀轨设置

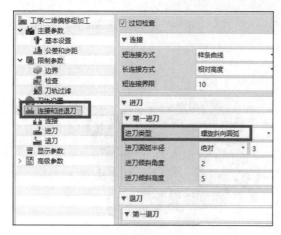

图 4.2.24　连接和进退刀设置

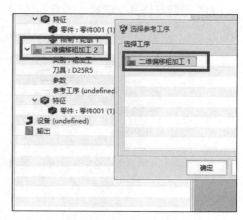

图 4.2.25　参考工序选择

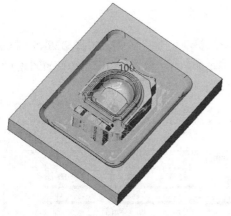

图 4.2.26　刀路

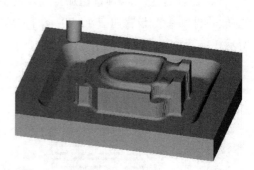

图 4.2.27　仿真结果

13) 半精加工(二维偏移粗加工 3)。 复制"二维偏移粗加工 2"，刀具选择 D10R0.3，特征选择"零件"，参数设置及结果如图 4.2.28~图 4.2.33 所示，刀路及仿真结果如图 4.2.34所示。

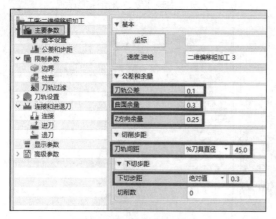

图 4.2.28　主要参数设置

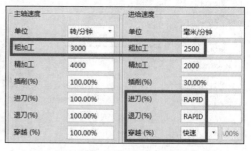

图 4.2.29　主轴速度、进给速度设置

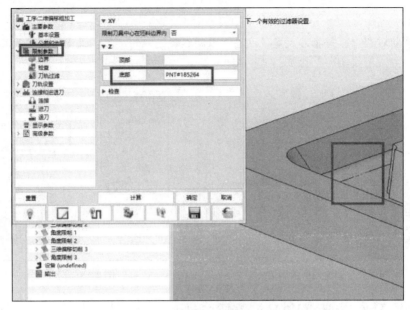

图 4.2.30　限制参数设置

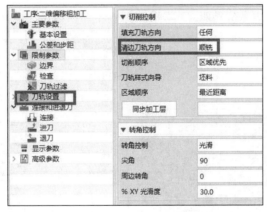

图 4.2.31　刀轨设置

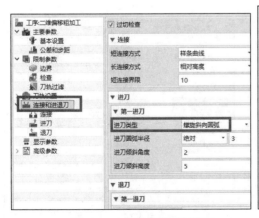

图 4.2.32　连接和进退刀设置

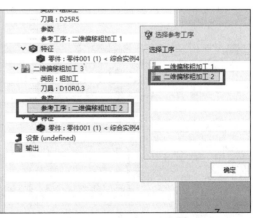

图 4.2.33　参考工序选择

☆说明

二次开粗过程中，若抬刀太多，设置"限制参数"中的"刀具过滤"可以改善抬刀，如图 4.2.35 所示。

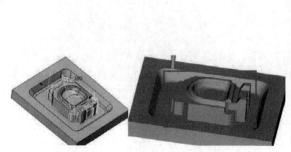

图 4.2.34　刀路及仿真结果　　　　　　　　图 4.2.35　刀轨过滤

14) 凹槽开粗(二维偏移粗加工 4)。选择"3 轴快速铣削"选项卡中的"二维偏移"命令。刀具选择 D5R0.3，创建特征"曲面 1""轮廓 4"(图 4.2.36)并选择。参数设置如图 4.2.37~图 4.2.41 所示，刀路与仿真结果如图 4.2.42 所示。

图 4.2.36　特征

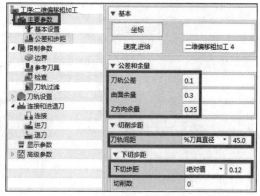

图 4.2.37　主要参数设置

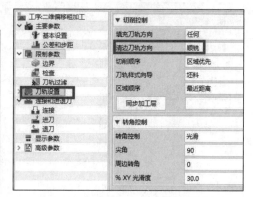

图 4.2.38　主轴速度、进给速度设置　　　　　　图 4.2.39　刀轨设置

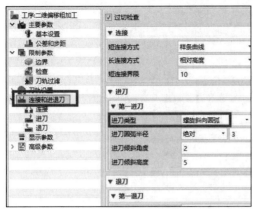
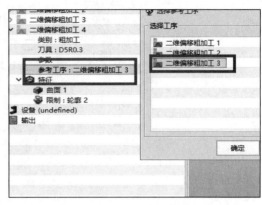

图 4.2.40　连接和进退刀设置　　　　　　　图 4.2.41　参考工序选择

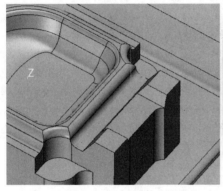
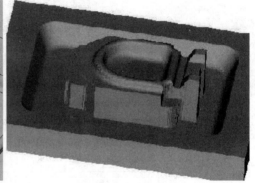

图 4.2.42　刀路与仿真结果

15) 精铣平面(三维偏移切削 1)。 选择"3 轴快速铣削"选项卡中的"三维偏移切削"命令。刀具选择 D10R0.3，创建特征"轮廓 7"(图 4.2.43)。参数设置如图 4.2.44~图 4.2.47 所示，刀路与仿真结果如图 4.2.48 所示。

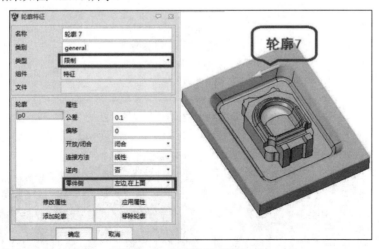

图 4.2.43　创建特征"轮廓 7"

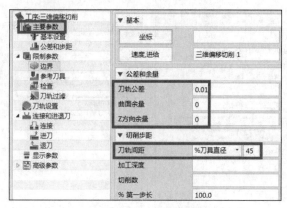

图 4.2.44　主要参数设置

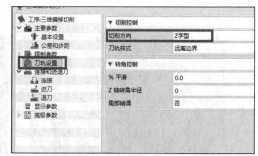

图 4.2.45　主轴速度、进给速度设置　　　　　　　　　图 4.2.46　刀轨设置

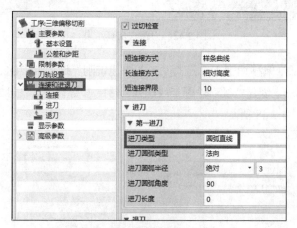

图 4.2.47　连接和进退刀设置

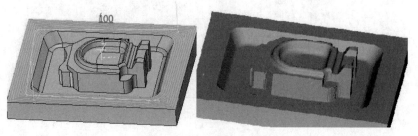

图 4.2.48　刀路与仿真结果

☆说明

刀具加工水平面时，为改善加工表面质量，可适当提高主轴速度，降低进给速度。

16) 精铣斜壁(三维偏移切削 2)。 选择"3 轴快速铣削"选项卡中的"三维偏移切削"命令。刀具选择 D10R5，创建特征"轮廓 2"(图 4.2.49)并选择。工序选择参数设置如图 4.2.50～图 4.2.54 所示，刀路与仿真结果如图 4.2.55 所示。

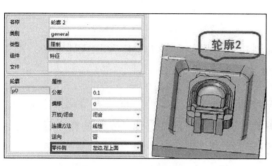

图 4.2.49 选择"轮廓 2"

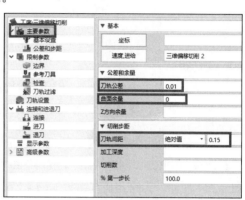

图 4.2.50 主要参数设置

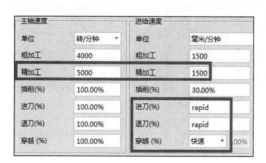

图 4.2.51 主轴速度、进给速度设置

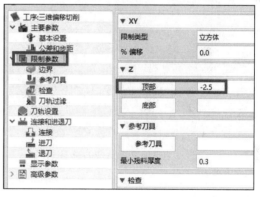

图 4.2.52 限制参数设置

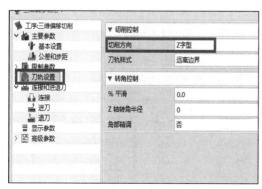

图 4.2.53 刀轨设置

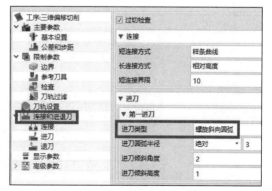

图 4.2.54 连接和进退刀设置

图 4.2.55　刀路与仿真结果

☆说明

"限制参数"中的"顶部"设置为-2.5mm 主要是考虑由球刀的 R 角造成的空切,是为了减少空刀数目,提高加工效率,具体如图 4.2.56 所示。

17) 精铣凸台外侧(角度限制 1)。 选择"3 轴快速铣削"选项卡中的"角度限制"命令。刀具选择 D10R0.3,创建特征"轮廓 3"和"轮廓 5"(图 4.2.57)并选择。参数设置如图 4.2.58~图 4.2.61 所示,刀路与仿真结果如图 4.2.62 所示。

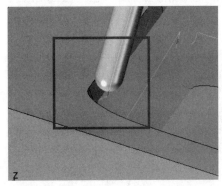

图 4.2.56　由球刀 R 角造成的空刀

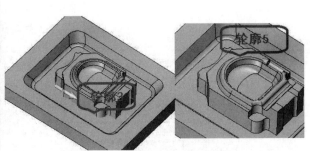

图 4.2.57　轮廓 3 和轮廓 5

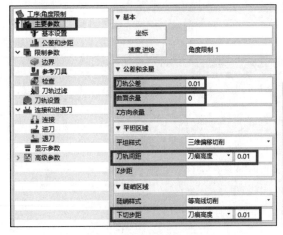

图 4.2.58　主要参数设置

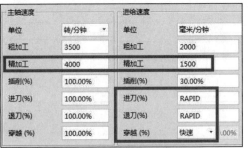

图 4.2.59　主轴速度、进给速度设置

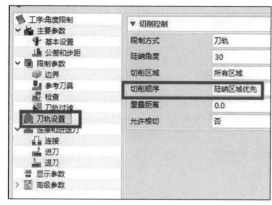

图 4.2.60 刀轨设置

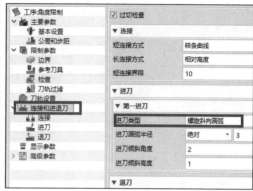

图 4.2.61 连接和进退刀设置

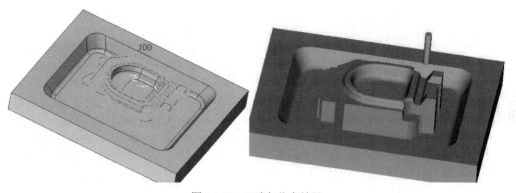

图 4.2.62 刀路与仿真结果

18) 精铣凸台内侧(角度限制 2)。选择"3 轴快速铣削"选项卡的"角度限制"命令。刀具选择 D10R0.3,特征选择"轮廓 5"及"零件"。参数设置如图 4.2.63~图 4.2.66 所示,刀路如图 4.2.67 所示,仿真结果如图 4.2.68 所示。

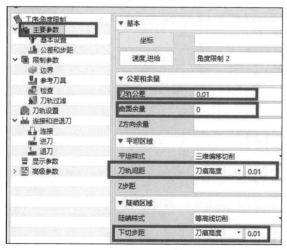

图 4.2.63 主要参数设置

图 4.2.64 主轴速度、进给速度设置

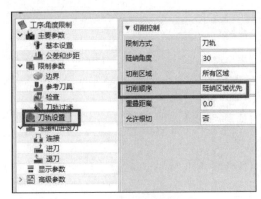

图 4.2.65　刀轨设置

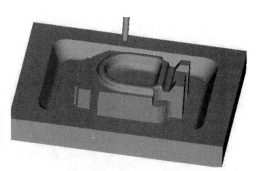

图 4.2.66　连接和进退刀设置

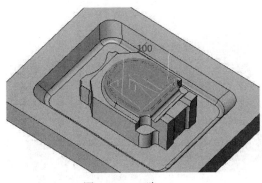

图 4.2.67　刀路

图 4.2.68　仿真结果

19) 精铣下底面(三维偏移切削 2)。 选择"3 轴快速铣削"选项卡中的"三维偏移切削"命令。刀具选择 D10R5，创建特征"轮廓 6"(图 4.2.69)并选择。参数设置如图 4.2.70~图 4.2.74 所示，刀路与仿真结果如图 4.2.75 所示。

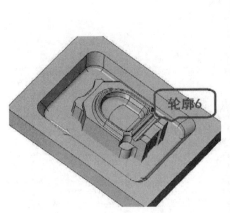

图 4.2.69　创建特征"轮廓 6"

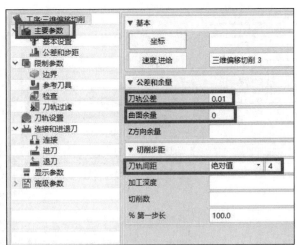

图 4.2.70　主要参数设置

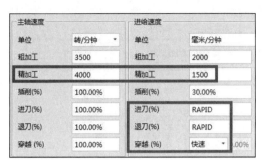

图 4.2.71 主轴速度、进给速度设置

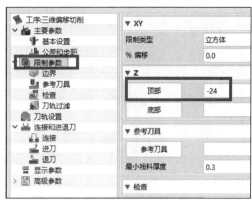

图 4.2.72 限制参数设置

图 4.2.73 刀轨设置

图 4.2.74 连接和进退刀设置

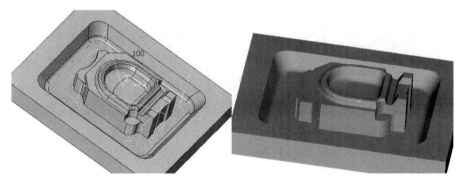

图 4.2.75 刀路与仿真结果

20) 精铣凹槽(角度限制 3)。选择"3 轴快速铣削"选项卡的"角度限制"命令。刀具选择 D5R0.3，选择特征"轮廓 4"和"曲面 1"。参数设置如图 4.2.76～图 4.2.79 所示，刀路与仿真结果如图 4.2.80 所示。

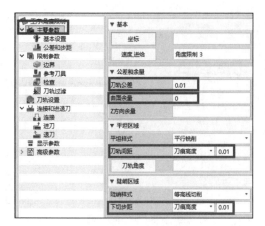

图 4.2.76　主要参数设置

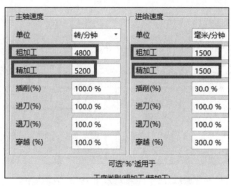

图 4.2.77　主轴速度和进给速度设置

图 4.2.78　刀轨设置

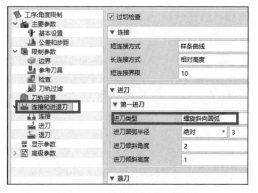

图 4.2.79　连接和进退刀设置

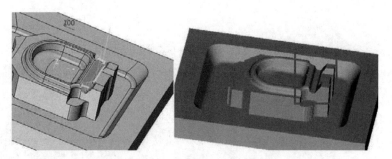

图 4.2.80　刀路与仿真结果

21) 后续的实体仿真、加工设备设置及后置处理可参照前面案例。

【任务小结】

本任务主要分析水泵型芯模具的加工工艺。通过中望 3D 软件的 2、3 轴铣削功能，给定加工参数，设置加工刀具，选择加工设备种类，进行后置处理并完成加工；通过对该案例的工艺分析及编程的实施，让学生理解中望 3D 编程软件的加工策略及用法，懂得根据实际零件的需要合理选择 2 或者 3 轴的加工策略来达到加工目的，并能设置合理的加工参数，考虑加工过程中的加工细节，最终加工出合格的零件。

任务 4.3　水泵端盖型腔模具加工

图 4.3.1 显示了加工零件图。

图 4.3.1　加工零件图(三维图纸及编程文件可以扫封底二维码下载)

【知识目标】

1. 会分析复杂零件内型腔曲面类零件的 3 轴铣削加工工艺和设置合理参数;

2. 充分利用中望 3D 编程软件的三维加工策略,选择有效方式完成加工;

3. 会分析数控铣床的加工工艺范畴,根据零件的结构,指出铣床工艺范畴内无法加工到位的位置;

4. 注意加工细节,考虑刀具长度、寿命、换刀次数、加工精度及是否便于一线操作员工操作;

5. 理解塑料模具加工的一般工艺流程,根据具体要求,设置加工参数,同时保证零件的精度与加工效率。

【任务分析】

本案例为水泵端盖模具的型腔板,结构比较复杂,包含导柱孔、锁模块、模芯、型腔、筋条、曲面及倒角等结构,依据模具的加工工艺要求,一般分为数控线切割、数控铣床及电火花加工等多种工艺进行,更会依据机械加工工艺的实际情况、精度要求、加工难易程度及模具使用过程中的操作、效率、排气及脱膜情况,安排加工工艺流程,这也对该板的加工工艺提出要求(如本案例中的型腔芯子,考虑到加工的难易程度、注塑过程中的排气和以后模具的维修,芯子很多时候进行线切割再到型腔板内进行数控铣床加工)。但考虑到本案例不涉及数控线切割机电火花知识,本案例采用整体铣削方式加工,在加工不到位的情况下,安排电火花加工。从图纸本身出发,零件图纸并没有标注尺寸公差与形位公差,也没有技术要求,按常见模具加工过程中的一般精度来处理。通过该案例,让学生能够综合应用中望 3D 软件的编程策略,根据实际零件的加工要求,选择合理的加工策略、设置加工参数完成加工。综合以上考虑,拟定加工工艺流程;表 4.3.1 显示了加工工序表。

表 4.3.1 加工工序表

工序	工序内容	S/ (r/min)	F/ (mm/min)	Ap/ mm	T	余量/mm	说明
1	粗加工 (二维偏移粗加工1)	1000	3500	0.3	D50R6 牛鼻刀	侧面余量 0.3 底面余量 0.2	
2	二次开粗 (二维偏移粗加工2)	1800	3000	0.3	D25R5 牛鼻刀	侧面余量 0.3 底面余量 0.2	粗铣第 1 道工序剩余坯料
3	二次开粗 (二维偏移粗加工3)	2800	2500	0.3	D12R0.3 牛鼻刀	侧面余量 0.3 底面余量 0.2	粗铣第 2 道工序剩余坯料
4	二次开粗 (二维偏移粗加工4)	3200	2500	0.27	D8R0.3 牛鼻刀	侧面余量 0.3 底面余量 0.2	粗铣第 3 道工序剩余坯料
5	二次开粗 (二维偏移粗加工5)	4500	2000	0.2	D4R0.3 牛鼻刀	侧面余量 0.3 底面余量 0.2	粗铣第 4 道工序剩余坯料
6	精铣内壁垂直面 (角度限制1)	4000	2500	限制刀痕高度 0.01	D8R0.3 牛鼻刀	0	
7	精铣型腔芯子外壁面 (角度限制2)	4300	2000	限制刀痕高度 0.01	D6R0.3 牛鼻刀	0	
8	精铣内壁垂直面 (角度限制3)	4800	2000	限制刀痕高度 0.01	D4R0.3 牛鼻刀	0	
9	精铣型腔内平面 (平坦面加工1)	4000	2000		D8R0.3 牛鼻刀	0	
10	加工导柱孔 (二维偏移粗加工6)	2800	2500	0.3	D12R0.3 牛鼻刀	侧面余量 0.2 底面余量 0.1	
11	精铣内壁垂直面 (角度限制4)	3000	2000	限制刀痕高度 0.01	D12R0.3 牛鼻刀	0	
12	精铣下底面 (平坦面加工2)	3500	1500		D12R0.3 牛鼻刀	0	

表 4.3.2 显示了中望 3D 编程步骤。

表 4.3.2　中望 3D 编程步骤

序号	工序内容	刀路简图
1	粗加工 (二维偏移粗加工 1)	
2	二次开粗 (二维偏移粗加工 2)	
3	二次开粗 (二维偏移粗加工 3)	
4	二次开粗 (二维偏移粗加工 4)	
5	二次开粗 (二维偏移粗加工 5)	

序号	工序内容	刀路简图
6	精铣内壁垂直面 (角度限制 1)	
7	精铣型腔芯子外壁面 (角度限制 2)	
8	精铣内壁垂直面 (角度限制 3)	
9	精铣型腔内平面 (平坦面加工 1)	
10	加工导柱孔 (二维偏移粗加工 6)	
11	精铣内壁垂直面 (角度限制 4)	

(续表)

序号	工序内容	刀路简图
12	精铣下底面 (平坦面加工 2)	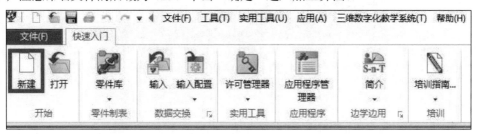

【任务实施】

1) 创建加工零件。 打开桌面"中望 3D"快捷方式，选择"新建"(图 4.3.2)。"类型"选择"加工方案"，"模板"选择"默认"，命名为"水泵端盖型腔模具加工"，如图 4.3.3 所示；注意命名文件的后缀为*.Z3。单击"确定"进入加工界面。

图 4.3.2 选择"新建"

图 4.3.3 选择加工方案并命名

2) 调入几何体。 选择"几何体"选项卡(图 4.3.4)，然后单击"打开"命令。找到存放对应文件的目录，选择需要编程的三维文件，单击"确定"调入几何体(图 4.3.5)。

图 4.3.4　选择"几何体"

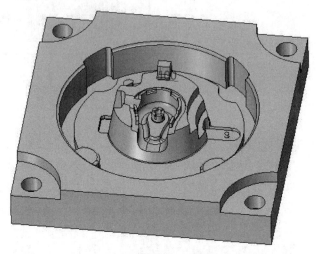

图 4.3.5　调入几何体

☆注意

本案例坐标系设置在底板下面，注意 Z 向对刀位置。

3) 添加坯料。选择"添加坯料"选项卡(图 4.3.6)，然后单击"长方体"命令，坯料参数
设置如图 4.3.7 所示。

图 4.3.6　添加坯料

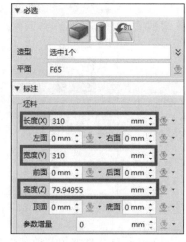

图 4.3.7　坯料参数设置

☆注意

本案例由于坐标系设置在底板下面，设置毛坯时一定要对坯料板的厚度进行测量，依据

实际板的厚度对高度(Z)进行设置，避免由于板的厚度原因，造成第一刀的切削量太大或者切不到。

4) 设置刀具。选择"刀具"选项卡，依据加工工艺的安排表格，设置 D50R6 牛鼻刀、D25R5 牛鼻刀、D12R0.3 牛鼻刀、D8R0.3 牛鼻刀、D6R0.3 牛鼻刀和 D4R0.3 牛鼻刀。

☆**说明：**
注意刀具的选择要与实际企业和加工条件相匹配。

5) 粗加工(二维偏移粗加工 1)。选择"3 轴快速铣削"选项卡中的"二维偏移"命令。特征选择"轮廓 1"，如图 4.3.8 所示。

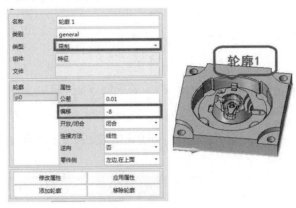

图 4.3.8　选择"轮廓 1"

☆**说明：**
(1) 轮廓特征中的"类型"选择"限制"；"零件侧"选择"左边，在上面"。
(2) "偏移"设置为 0.8mm 是为了保证轮廓上的定位块毛坯余量均会被加工到位。

6) 参数设置。选择"工序"选项卡中的"参数"命令，依据拟定的工艺参数，设置对应的参数。相关设置见图 4.3.9~图 4.3.11，刀路与仿真结果见图 4.3.12。

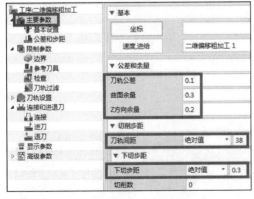

图 4.3.9　主要参数

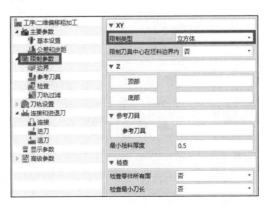

图 4.3.10　限制参数

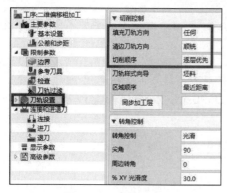

图 4.3.11　刀轨设置

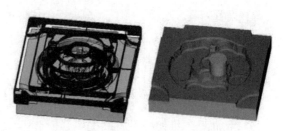

图 4.3.12　刀路与仿真结果

☆**说明**

(1) 为了提高计算速度，将"刀轨公差"设为 0.1mm。

(2) 为提高加工效率，"填充刀轨方向"选择"任何"，即顺铣、逆铣均可。

7) 二次开粗(二维偏移粗加工 2)。选择"3 轴快速铣削"选项卡的"二维偏移"命令。特征选择"轮廓 1"，"刀具"选择 D25R5，"参考工序"选择"二维偏移粗加工 2"，重要参数设置如图 4.3.13~图 4.3.15 所示，刀路与仿真结果如图 4.3.16 所示。其余参数使用系统默认值。

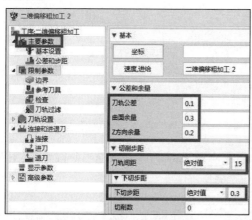

图 4.3.13　主要参数

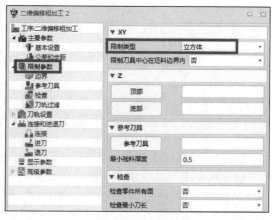

图 4.3.14　限制参数

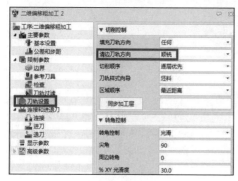

图 4.3.15　刀轨设置

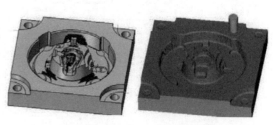

图 4.3.16　刀路与仿真结果

☆说明

(1) 为提高计算速度，将"刀轨公差"设为 0.1mm。

(2) 为了提高加工效率，"清边刀轨方向"选择"顺铣"。

(3) 编程过程中，发现小段的刀路很多(碎刀)，抬刀也多。为提高加工效率，减少抬刀，在"限制参数"中的"刀轨过滤"设置"%长度"和"%范围"均为 100%(具体参数设置及刀路前后对比如图 4.3.17 所示)。"%长度"和"%范围"均为 100%，指的是将小于刀具直径 100%的刀路和 X/Y 方向小于刀具直径 100%的刀路移除。

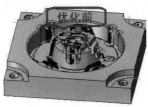

图 4.3.17 刀轨过滤设置及优化前后刀路对比

8) 二次开粗(二维偏移粗加工 3)。 选择"3 轴快速铣削"选项卡中的"二维偏移"命令。特征选择"轮廓 1"和"轮廓 2"，"刀具"选择 D12R0.3，"参考工序"选择"二维偏移粗加工 3"，重要参数设置如图 4.3.18~图 4.3.19 所示，刀路与仿真结果如图 4.3.20 所示。其余参数使用系统默认值。

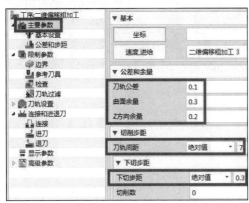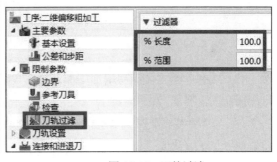

图 4.3.18 主要参数　　　　　　　　　　　　　图 4.3.19 刀轨过滤

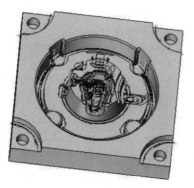

图 4.3.20 刀路与仿真结果

9) 二次开粗(二维偏移粗加工 4)。选择"3 轴快速铣削"选项卡中的"二维偏移"命令。特征选择"轮廓 1"和"轮廓 2"，"刀具"选择 D8R0.3，"参考工序"选择"二维偏移粗加工 4"，主要参数设置如图 4.3.21~图 4.2.23 所示，刀路与仿真结果如图 4.3.24 所示。其余参数使用系统默认值。

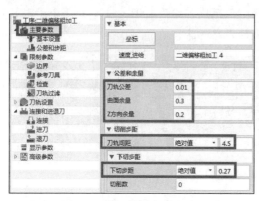

图 4.3.21　主要参数

图 4.3.22　限制参数

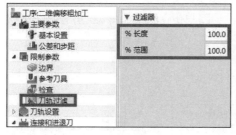

图 4.3.23　刀轨设置

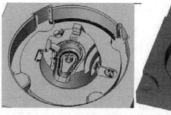

图 4.3.24　刀路与仿真结果

10) 二次开粗(二维偏移粗加工 5)。选择"3 轴快速铣削"选项卡中的"二维偏移"命令。特征选择"轮廓 1"和"轮廓 2"，"刀具"选择 D4R0.3，"参考工序"选择"二维偏移粗加工 5"，重要参数设置如图 4.3.25~图 4.3.27 所示，刀路与仿真结果如图 4.3.28 所示。其余参数使用系统默认值。

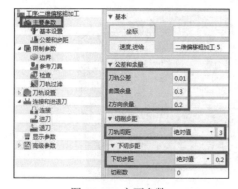

图 4.3.25　主要参数

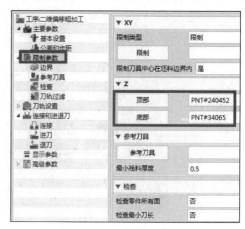

图 4.3.26　限制参数

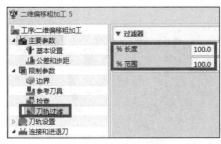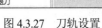
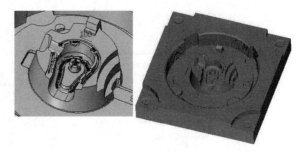

图 4.3.27　刀轨设置　　　　　　　　图 4.3.28　刀路与仿真结果

☆说明

(1) 加工的零件结构相对复杂，采用 3 轴进行粗加工，可供选择的策略有四个，分别为"二维偏移""平行铣""插铣"和"光滑流线铣"。"平行铣"主要用于敞开的大平面加工；"插铣"对机床功率、主轴结构均有要求，普通的 3 轴加工机床一般做不了；"光滑流线铣"用于高速加工，所以我们采用"二维偏移"来粗加工。

(2) 开粗过程一般按刀具的直径由大到小执行，每个工序记得参考上一道工序；如果不参考上一道工序，软件默认为初始毛坯状态。

11) 精铣内壁垂直面(角度限制 1)。选择"3 轴快速铣削"选项卡中的"角度限制"命令。特征选择"轮廓 3"(图 4.3.29)、"轮廓 9"(图 4.3.30)和"零件"，"刀具"选择 D8R0.3。重要参数设置如图 4.3.31~图 4.3.33 所示，刀路与仿真结果如图 4.3.34 所示。其余参数使用系统默认值。

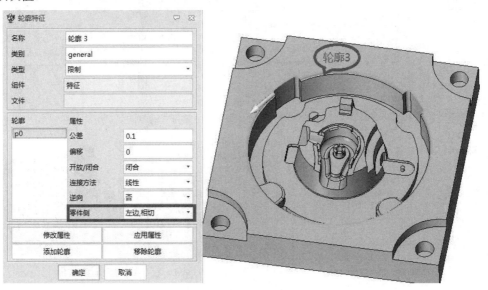

图 4.3.29　选择"轮廓 3"

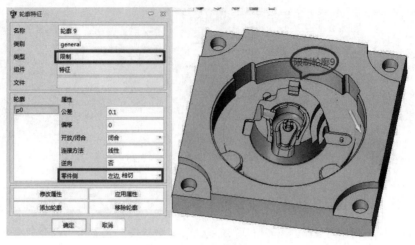

图 4.3.30　选择"轮廓 9"

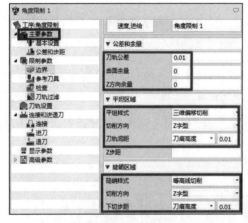

图 4.3.31　主要参数

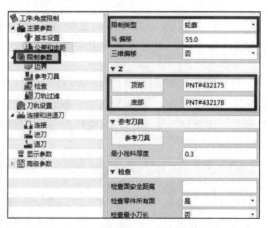

图 4.3.32　限制参数

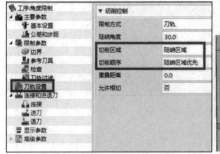

图 4.3.33　刀轨设置

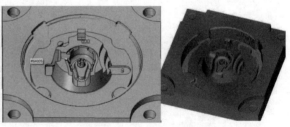

图 4.3.34　刀路与仿真结果

☆说明

(1) 精加工过程需要考虑零件的结构，一般将零件特征分为水平面、垂直面和曲面，也可根据零件的结构、曲率半径、拐角、可通过刀具直径按区域选择加工方式。

(2) 三维精加工的主要加工方式有"平行铣削""三维偏移切削""角度限制""平面加工"和"清角切削"。"平行铣削"主要用来加工平面或者平坦的面，"三维偏移切削"主要用来加工大曲面，"角度限制"用来加工既有陡峭区域又有平面区域的零件表面，"平面加工"主要用来加工水平面，"清角切削"主要用来加工拐角余量。型腔内部既有垂直面又有倒角特征，可选择"角度限制"加工策略来加工陡峭区域。

(3) 特征中选择的"轮廓 3"和"轮廓 9"中的"零件侧"均选择"左边，相切"，这样可将刀具加工限制到轮廓上面或外部。

(4) "角度限制"加工中，加工驱动以零件曲面为主，轮廓为辅，所以要求选择对应加工的曲面为特征才可以计算刀路。选择整个零件为加工特征比较安全，不容易过切或者扎刀，但同时增加了计算量。

(5) "主要参数"中的"曲面余量"记得清零，平坦区域中的"平坦样式"选择"三维偏移切削"，"切削方向"选择"Z 字型"，"刀轨间距"选择"刀痕高度"，参数设置为 0.01。此处的"刀轨间距"选择"刀痕高度"，有利于保证曲面特征的平坦区域和陡峭区域的加工精度的一致性。

(6) "限制参数"中的"限制类型"选择"轮廓"；%偏移按默认为 55.0%。"顶部"和"底部"依次选择零件的分型面和型腔底面。

(7) "刀轨设置"中的"切削区域"选择"陡峭区域"，采用平坦面加工切削方式，这样可以增加刀具间距，提高加工效率。

12) 精铣型腔芯子外壁面(角度限制 2)。 选择"3 轴快速铣削"选项卡中的"角度限制"命令。特征选择"轮廓 4"(图 4.3.35)、"轮廓 11"(图 4.3.36)和"零件"，"刀具"选择 D6R0.3，重要参数设置如图 4.3.37~图 4.3.39 所示，刀路与仿真结果如图 4.3.40 所示。其余参数使用系统默认值。

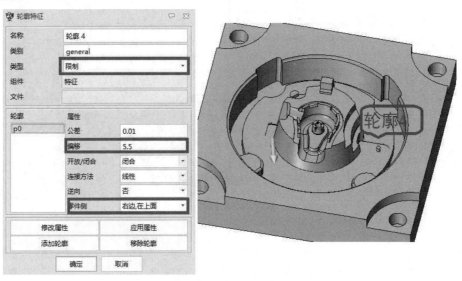

图 4.3.35　选择"轮廓 4"

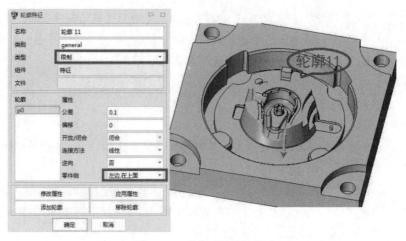

图 4.3.36　选择"轮廓 11"

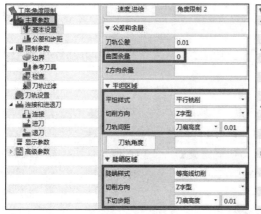

图 4.3.37　主要参数　　　　　　　　　　图 4.3.38　限制参数

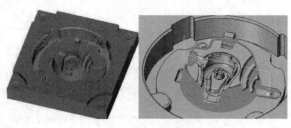

图 4.3.39　刀轨设置　　　　　　　　　图 4.3.40　刀路与仿真结果

☆注意

"轮廓 4"的"偏移"参数设置为 5.5mm，零件侧设置为"右边，在上面"；其中要求"偏移"参数设置的值要大于加工刀具的半径值，即要大于 3mm，才保证刀具能够加工至底面，本案例设置为 5.5mm。

13) 精铣型腔芯子内壁(角度限制 3)。复制"角度限制 2"，刀具选择 D4R0.3，特征选择"轮廓 10"(图 4.3.41)及"零件"，参数设置如图 4.3.42~图 4.3.44 所示，刀路与仿真结果如图 4.3.45 所示。

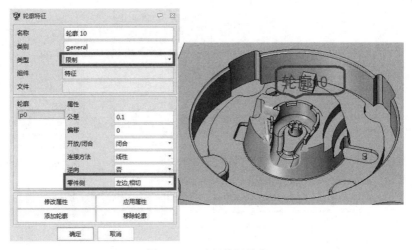

图 4.3.41 选择特征轮廓

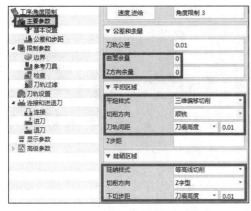

图 4.3.42 主要参数设置

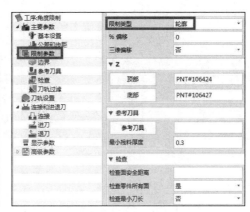

图 4.3.43 限制参数

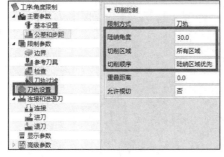

图 4.3.44 刀轨设置

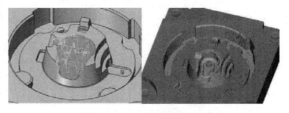

图 4.3.45 刀路与仿真结果

14) 精加工(平坦面加工)。 选择"3 轴快速铣削"选项卡中的"平坦面加工"命令。刀具选择 D8R0.3，特征选择"轮廓 3"和"零件"，参数设置如图 4.3.46~图 4.3.48 所示，刀路与仿真结果如图 4.3.49 所示。

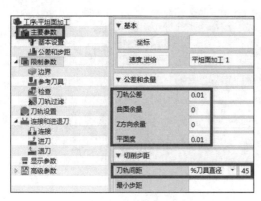

图 4.3.46　主要参数设置

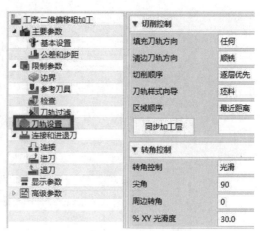

图 4.3.47　限制参数设置

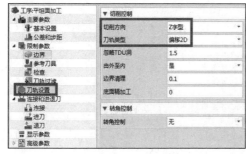

图 4.3.48　刀轨设置

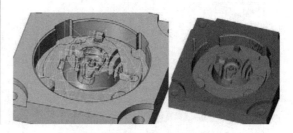

图 4.3.49　刀路与仿真结果

15) 粗加工导柱孔(二维偏移粗加工 6)。复制"二维偏移粗加工 5"。刀具选择 D12R0.3，特征选择 "轮廓 2"。参数设置如图 4.3.50~图 4.3.52 所示，刀路与仿真结果如图 4.3.53 所示。

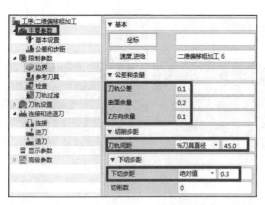

图 4.3.50　主要参数设置

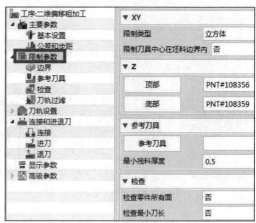

图 4.3.51　限制参数

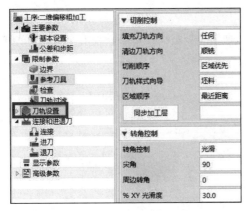

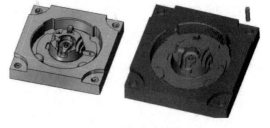

图 4.3.52　刀轨设置　　　　　　　　　图 4.3.53　刀路与仿真结果

16)　精铣定位块及导柱孔垂直面(角度限制 4)。 复制"角度限制 3"程序。刀具选择
D12R0.3，特征选择"轮廓 3""轮廓 1"及"零件"。参数设置如图 4.3.54~图 4.3.56 所示，
刀路与仿真结果如图 4.3.57 所示。

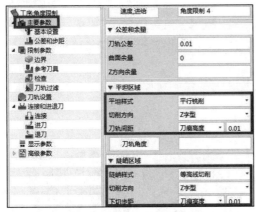

图 4.3.54　主要参数设置　　　　　　　　图 4.3.55　限制参数

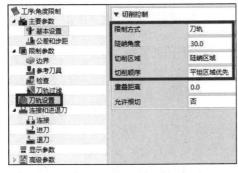

图 4.3.56　刀轨设置　　　　　　　　　图 4.3.57　刀路与仿真结果

☆**说明**

(1) 在模具制造中，经常用到导柱导套、定位销及定位块，一般情况下，导柱孔是通孔，
通常用线切割机直接割出来，本案例主要为了展示加工流程，所以把孔做成盲孔，直接用刀
具铣出。在盲孔的粗加工过程中，排屑是很重要的部分，不然铁屑会在孔里面与刀具发生干

涉，剧烈摩擦导致加工零件及刀具损坏。

(2) 导柱孔及定位块的侧面在模具生产过程中起导向和定位作用，精度要求较高，加工时要粗精分开，适当提高转速减小进给。

17) 精加工(平坦面加工 2)。复制"平坦面加工 1"，刀具选择 D12R0.3，特征选择"轮廓 3"和"轮廓 1"。参数设置如图 4.3.58~图 4.3.60 所示，刀路与仿真结果如图 4.3.61 所示。

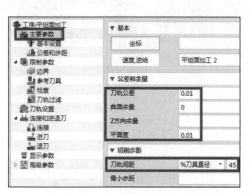

图 4.3.58　主要参数设置

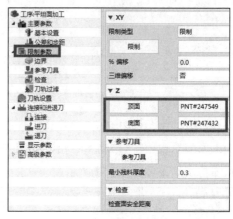

图 4.3.59　限制参数

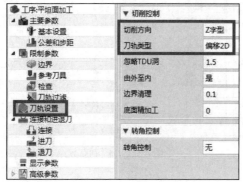

图 4.3.60　刀轨设置

图 4.3.61　刀路与仿真结果

18) 后续的实体仿真、加工设备设置及后置处理可参照前面案例。

【任务小结】

本任务主要分析一个水泵端盖型腔模具的加工工艺。通过中望 3D 软件的 3 轴铣削功能，给定加工参数，设置加工刀具，选择加工设备种类，进行后置后处理并完成加工。通过对该案例的工艺分析及编程的实施，让学生理解中望 3D 编程软件的加工策略的用法，懂得根据实际零件的需要合理选择 3 轴加工策略来达到加工目的，并能设置合理的加工参数，能优化刀路，考虑加工过程中的加工细节，逐步明白数控铣床的加工工艺范围，最终加工出合格的零件。

任务 4.4　按摩器的变速箱模具加工

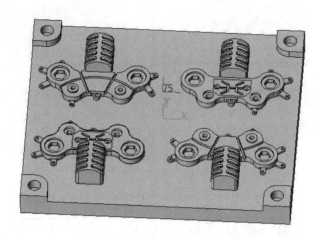

图 4.4.1　加工零件图(三维图与编程文件可扫封底二维码下载)

【知识目标】

1. 会分析复杂模具零件的 3 轴铣削加工工艺，知道哪些内容适合数控铣床加工，哪些地方不适合；

2. 充分利用中望 3D 编程软件的二、三维加工策略，选择有效的加工方式完成加工；

3. 会优化刀具路径，会根据要求设置加工参数，提高编程和加工效率；

4. 注意加工的细节，考虑刀具长度、寿命、换刀次数、加工精度及是否便于一线操作员工操作。

【任务分析】

本案例分析按摩器的变速箱模具的动模板，一腔两副四模，结构比较复杂，加工内容包含导柱孔、锁模块、模芯、碰穿面、筋条、曲面及倒角等结构(锁模块正常情况要有一定斜度，为在提高定位精度的同时避免干涉，底面一般要有避空余量；导柱孔一般是通孔，加工工艺一般采用线切割；模芯要有一定的拔模斜度，方便脱膜；为便于讲述，这里做了适当的简化)。依据模具的加工工艺要求，一般分为数控线切割、数控铣床及电火花加工等多种工艺进行，更会依据机械加工工艺的实际情况、精度要求、加工难易程度及模具使用过程中的操作、效率、排气及脱膜等情况，安排加工工艺流程，这也对该板的加工工艺提出要求(如本案例中的碰穿芯子，上面是立柱与曲面相交，如图 4.4.2 所示；刀具加工过程与曲面会有 R 角，为避免加工不到位，一般的做法是生成比加工刀具半径还大的圆角或者电火花加工)。考虑到本案例不涉及数控线切割机电火花知识，本案例采用整体铣削方式加工。从图纸本身出发，零件图纸并没有标注尺寸公差与形位公差，也没有技术要求，按常见模具加工过程中的一般精度来处理。主要通过该案例，让学生会综合应用中望 3D 软件中的编程策略，根据实际零件的加工要求，选择合理的加工策略、设置加工参数完成加工。综合以上考虑，拟定加工工艺流程；表 4.4.1 显示了加工工序表。

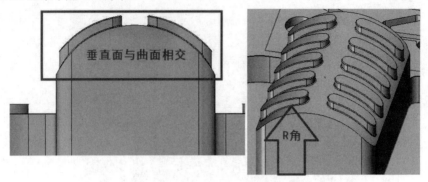

图 4.4.2　碰穿芯子结构

表 4.4.1　加工工序表

工序	工序内容	S/ (r/min)	F/ (mm/min)	Ap/ mm	T	余量/ mm	说明
1	粗加工 (二维偏移粗加工 1)	1000	3500	0.3	D50R6 牛鼻刀	侧面余量 0.3 底面余量 0.3	
2	二次开粗 (二维偏移粗加工 2)	1800	3000	0.3	D25R5 牛鼻刀	侧面余量 0.3 底面余量 0.3	粗铣第 1 道工序剩余坯料
3	二次开粗 (二维偏移粗加工 3)	2800	2500	0.3	D12R0.3 牛鼻刀	侧面余量 0.3 底面余量 0.3	粗铣第 2 道工序剩余坯料
4	二次开粗 (二维偏移粗加工 4)	3500	2500	0.15	D6R0.3 牛鼻刀	侧面余量 0.3 底面余量 0.3	粗铣第 3 道工序剩余坯料
5	二次开粗 (二维偏移粗加工 5)	3500	2500	0.15	D6R0.3 牛鼻刀	侧面余量 0.3 底面余量 0.3	粗铣第 4 道工序剩余坯料
6	二次开粗 (二维偏移粗加工 6)	4500	2000	0.12	D4R0.3 牛鼻刀	侧面余量 0.1 底面余量 0.1	粗铣第 5 道工序剩余坯料
7	精铣芯子 (角度限制 1)	4500	2000	限制刀痕高度 0.01	D4R0.3 牛鼻刀	0	
8	精铣分型面 (平坦面加工 1)	4500	2000	限制刀痕高度 0.01	D6R0.3 牛鼻刀	0	

(续表)

工序	工序内容	S/ (r/min)	F/ (mm/min)	Ap/ mm	T	余量/ mm	说明
9	精铣定位块顶面 (螺旋切削 1)	3000	2000		D12R0.3 牛鼻刀	0	
10	粗加工筋条 (二维偏移粗加工 7)	5500	2000	0.1	D2.5R0.2 牛鼻刀	侧面余量 0.1 底面余量 0.10	
11	粗加工孔 (二维偏移粗加工 8)	5500	2000	0.1	D2.5R0.2 牛鼻刀	侧面余量 0.1 底面余量 0.1	
12	精铣筋条 (角度限制 2)	6000	1000	0.1	D2 平刀	0	
13	精铣筋条 2 (角度限制 3)	6000	1000	0.1	D2 平刀	0	
14	精加工孔 (轮廓切削 1)	6000	1000	0.1	D2 平刀	0	
15	精加工孔底面 (螺旋切削 2)	5500	1000	0.1	D2 平刀	0	
16	粗加工导柱孔 (二维偏移粗加工 9)	2800	2000	0.25	D12R0.3 牛鼻刀	侧面余量 0.2 底面余量 0.15	
17	精加工导柱孔 (角度限制 4)	3000	1500	0.15	D12R0.3 牛鼻刀	0	孔比较难 加工,适当 降低进给
18	精铣锁模块侧壁 1 (轮廓切削 1)	3000	2000	0.15	D12R0.3 牛鼻刀		
19	精铣锁模块侧壁 2 (轮廓切削 2)	3000	2000	0.15	D12R0.3 牛鼻刀		
20	精铣锁模块侧壁 3 (轮廓切削 3)	3000	2000	0.15	D12R0.3 牛鼻刀		
21	精铣锁模块侧壁 4 (轮廓切削 4)	3000	2000	0.15	D12R0.3 牛鼻刀		

表 4.4.2 列出了中望 3D 编程步骤。

表 4.4.2　中望 3D 编程步骤

序号	工序内容	刀路简图
1	粗加工 (二维偏移粗加工 1)	
2	二次开粗 (二维偏移粗加工 2)	
3	二次开粗 (二维偏移粗加工 3)	
4	二次开粗 (二维偏移粗加工 4)	
5	二次开粗 (二维偏移粗加工 5)	

(续表)

序号	工序内容	刀路简图
6	二次开粗 (二维偏移粗加工 6)	
7	精铣芯子 (角度限制 1)	
8	精铣分型面 (平坦面加工 1)	
9	精铣定位块顶面 (螺旋切削 1)	
10	粗加工筋条 (二维偏移粗加工 7)	

序号	工序内容	刀路简图
11	粗加工孔 (二维偏移粗加工 8)	
12	精铣筋条 (角度限制 2)	
13	精铣筋条及孔 (角度限制 3)	
14	精加工孔 (轮廓切削 1)	
15	精加工孔底面 (螺旋切削 2)	

(续表)

序号	工序内容	刀路简图
16	粗加工导柱孔 (二维偏移粗加工 9)	
17	精加工导柱孔 (角度限制 4)	
18	精加工定位块 1 (轮廓切削 1)	
19	精加工定位块 2 (轮廓切削 2)	
20	精加工定位块 3 (轮廓切削 3)	

(续表)

序号	工序内容	刀路简图
21	精加工定位块 4 (轮廓切削 4)	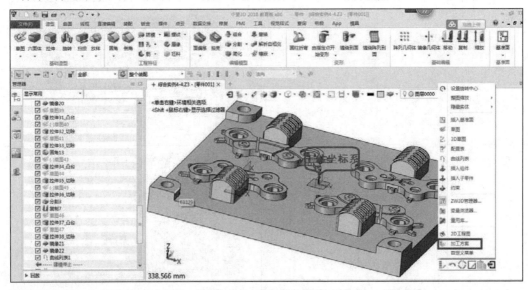

【任务实施】

1) 创建加工零件。打开桌面"中望 3D"快捷方式,找到对应文件夹中的"综合实例 4.4",双击打开,进入三维建模界面,在绘图区域右击,选择"加工方案",进入加工界面。注意坐标系的位置如图 4.4.3 所示。

图 4.4.3　选择加工方案

2) 添加坯料。选择"添加坯料"选项卡(图 4.4.4),然后单击"长方体"命令,坯料参数设置如图 4.4.5 所示。

☆说明

(1) "平面"选择零件的底面。

(2) "高度"在三维造型里为 76.879mm,但实际备料时会有偏差,毛坯高度大于这个值即可,另外要考虑实际毛坯的高度设置。

图 4.4.4　添加坯料

图 4.4.5　坯料参数设置

3) 设置刀具。选择"刀具"选项卡，依据加工工艺的安排表格，设置 D50R6 牛鼻刀(图 4.4.6)、D25R5 牛鼻刀(图 4.4.7)、D12R0.3 牛鼻刀(图 4.4.8)、D6R0.3 牛鼻刀(图 4.4.9)、D4R0.3 牛鼻刀(图 4.4.10)、D2.5R0.2 牛鼻刀(图 4.4.11)和 D2 平刀(图 4.4.12)。

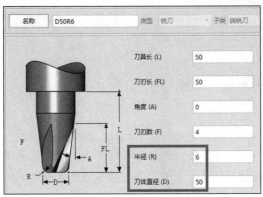

图 4.4.6　创建 D50R6 牛鼻刀

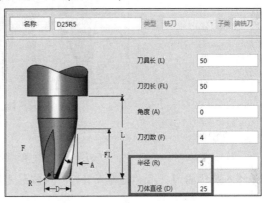

图 4.4.7　创建 D25R5 牛鼻刀

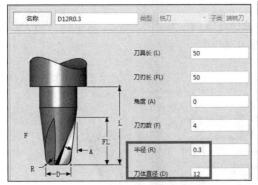

图 4.4.8　创建 D12R0.3 牛鼻刀

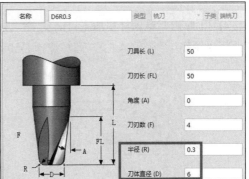

图 4.4.9　创建 D6R0.3 牛鼻刀

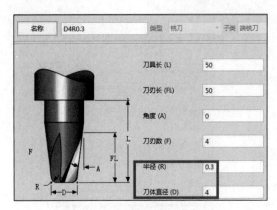

图 4.4.10 创建 D4R0.3 牛鼻刀

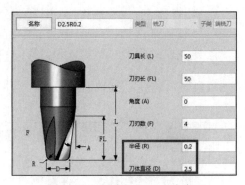

图 4.4.11 创建 D2.5R0.2 牛鼻刀

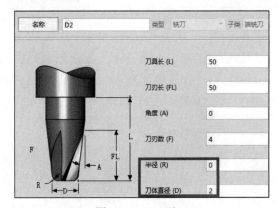

图 4.4.12 D2 平刀

☆说明

(1) 注意刀具参数中的"刀体直径"和"半径"的设置一定要与刀具名称相一致，保证操作人员根据刀具名称选择刀具时会与编程刀具相一致，避免由于刀具的不一致造成过切和少切。

(2) 编程过程中，根据用到的刀具临时重新设置也是一种常态。

4) 粗加工(二维偏移粗加工 1)。选择"3 轴快速铣削"选项卡的"二维偏移"命令。特征选择"轮廓 1"(图 4.4.13)，刀具选择 D50R6 牛鼻刀。

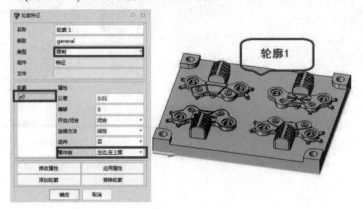

图 4.4.13 限制轮廓 1

☆说明

"轮廓特征"中的"类型"选择"限制";"零件侧"选择"左边，在上面"。

5) 参数设置。 选择 "参数"命令，依据拟定的加工工艺，设置对应的加工参数，参数设置如图 4.4.14~图 4.4.20 所示，刀路与仿真结果如图 4.4.21 所示。

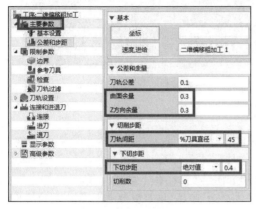

图 4.4.14 主要参数

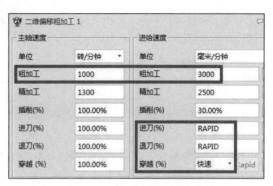

图 4.4.15 主轴速度、进给速度设置

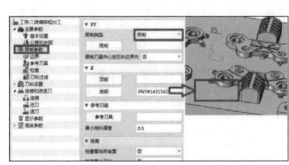

图 4.4.16 限制参数

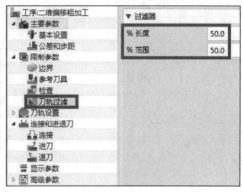

图 4.4.17 刀轨过滤

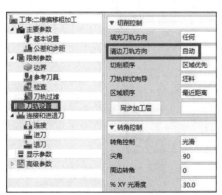

图 4.4.18 刀轨设置

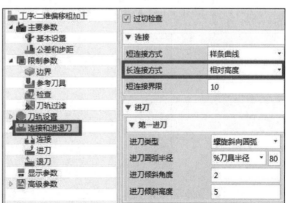

图 4.4.19 连接和进退刀

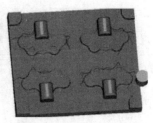

图 4.4.20　高级参数　　　　　　　　　　　图 4.4.21　刀路与仿真结果

☆说明

(1) 本案例曲面较多，涉及大量计算，为提高计算速度，将"刀轨公差"设为 0.1mm。

(2) 进刀、退刀及穿越均要改成 RAPID，后置处理后是 G00，以提高加工效率。

(3) "限制参数"中的底部限制在分型面上(0mm)，避免刀具下切到底部。

(4) "刀轨过滤"中的"%长度"和"%范围"设置为 50.0，这里要注意对于开放的轮廓，这个值越大，刀路的抬刀就越少；但也不能太大，因为抬刀走的是 G00，没有抬刀，走的是 G01，距离太远而不抬刀，同样影响效率；对于封闭区域，这时涉及加工刀具与被加工区域的尺寸关系。如果加工的刀具与被加工的型腔尺寸相差不大，那么刀轨过滤中的参数值就不能太大，不然就没有加工刀路。还有对于没有中心刀刃的牛鼻刀来说，为避免底部中间干涉，要在"刀轨过滤"中设置刀具能够加工的最小切削区域，公式为 L>2D.2R，其中 L 为最小切削宽度，D 为刀具直径，R 为牛鼻刀 R 角。

(5) "刀轨设置"中的"清边刀轨方向"选择"自动"，可提高加工效率；"连接和进退刀"中的"长连接方式"设置为"相对高度"。这样在抬刀的时候，每次抬到"安全距离"所设置的高度，不必每次抬到安全平面，以提高加工效率。

(6) "高级参数"中的"退刀类型"有"绝对"和"相对"两种，"绝对"退至"安全平面"，"相对"退至"退刀距离"。

(7) 右击"二维偏移粗加工 1"，选择"实体仿真"，进入实体仿真界面，在实际的仿真过程中，会出现中断并报警，这是中望 3D 的自身算法问题，只要不干涉零件表面，并没有什么问题，这时，应取消选中"实体仿真"中的"碰撞停止"，以连贯地完成仿真，具体如图 4.4.22 所示。

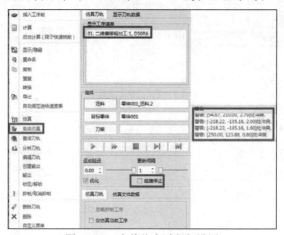

图 4.4.22　实体仿真过程与设置

6) 二次开粗(二维偏移粗加工 2)。 选择"3 轴快速铣削"选项卡的"二维偏移"命令。特征选择"轮廓 1"，"刀具"选择 D25R5，"参考工序"选择"二维偏移粗加工 1"，重要参数设置如图 4.4.23~图 4.4.27 所示，刀路与仿真结果如图 4.4.28 所示。其余参数使用系统默认值。

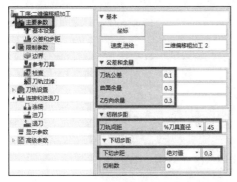

图 4.4.23　主要参数设置

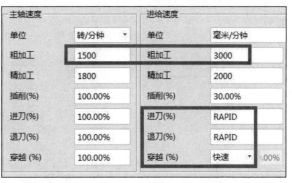

图 4.4.24　主轴速度、进给速度设置

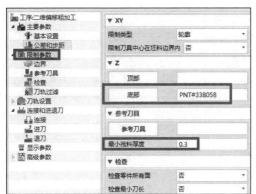

图 4.4.25　限制参数

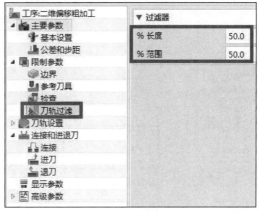

图 4.4.26　刀轨过滤

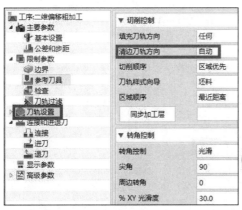

图 4.4.27　刀轨设置

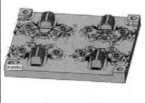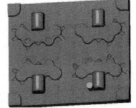

图 4.4.28　刀路与仿真结果

☆**说明**

(1) "限制参数"中的"底部"设为分型面的点或者直接输入 0。

(2) 为提高加工效率，"填充刀轨方向"选择"任何"，即顺铣、逆铣均可。

7) 二次开粗(二维偏移粗加工 3)。选择"3 轴快速铣削"选项卡中的"二维偏移"命令。特征选择"轮廓 8"(图 4.4.29)，"刀具"选择 D12R0.3，"参考工序"选择"二维偏移粗加工 2"，重要参数设置如图 4.4.30~图 4.4.35 所示，结果如图 4.4.36 所示。其余参数使用系统默认值。

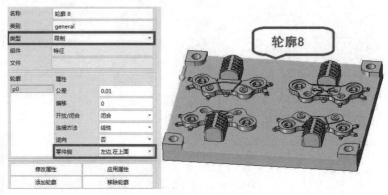

图 4.4.29 选择"轮廓 8"

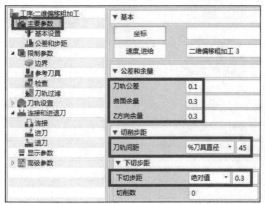

图 4.4.30 主要参数

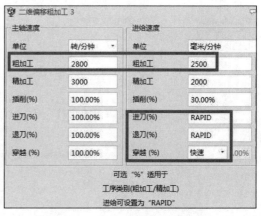

图 4.4.31 主轴速度、进给速度设置

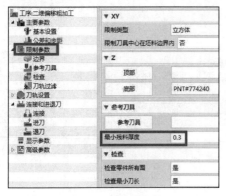

图 4.4.32 限制参数

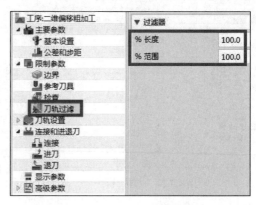

图 4.4.33 刀轨过滤

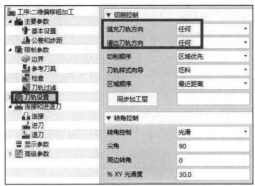
图 4.4.34　刀轨设置

图 4.4.35　连接和进退刀

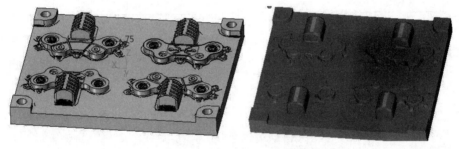
图 4.4.36　刀路与仿真结果

8) 二次开粗(二维偏移粗加工 4)。 选择"3 轴快速铣削"选项卡中的"二维偏移"命令。特征选择"零件"和"轮廓 5"(图 4.4.37)，"刀具"选择 D6R0.3，"参考工序"选择"二维偏移粗加工 3"，重要参数设置如图 4.4.38~图 4.4.43 所示，刀路与仿真结果如图 4.4.44 所示。其余参数使用系统默认值。

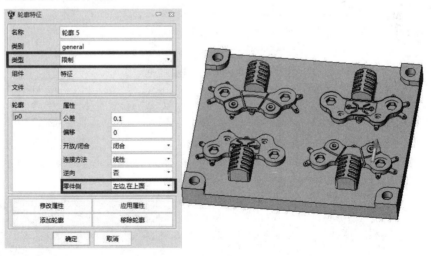
图 4.4.37　轮廓 5

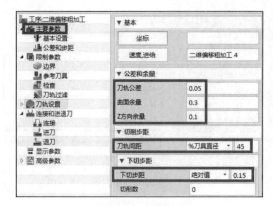

图 4.4.38　主要参数

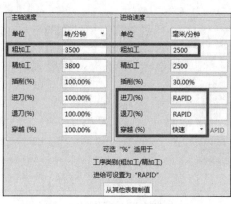

图 4.4.39　主轴速度、进给速度设置

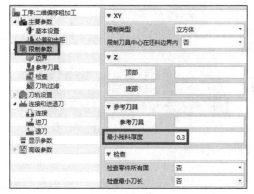

图 4.4.40　限制参数

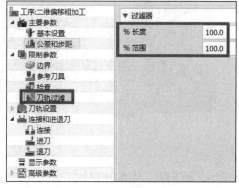

图 4.4.41　刀轨过滤

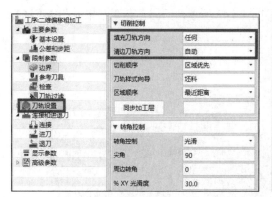

图 4.4.42　刀轨设置

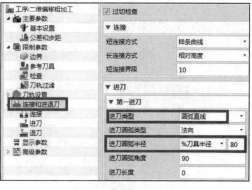

图 4.4.43　连接和进退刀

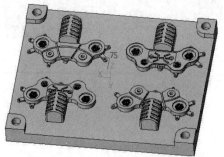

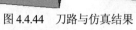

图 4.4.44　刀路与仿真结果

9) 二次开粗(二维偏移粗加工 5)。 选择"3 轴快速铣削"选项卡中的"二维偏移"命令。特征选择"轮廓 5"和"轮廓 8"，"刀具"选择 D6R0.3，"参考工序"选择"二维偏移粗加工 3"，重要参数如图 4.4.45~图 4.4.50 所示，刀路与仿真结果如图 4.4.51 所示。其余参数使用系统默认值。

图 4.4.45　主要参数　　　　　　　　　　图 4.4.46　主轴速度、进给速度设置

图 4.4.47　限制参数　　　　　　　　　　图 4.4.48　刀轨过滤

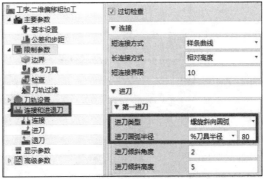

图 4.4.49　刀轨设置　　　　　　　　　　图 4.4.50　连接和进退刀

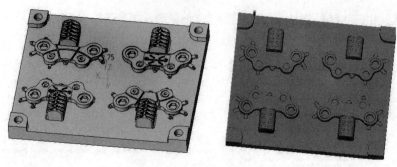

图 4.4.51　刀路与仿真结果

☆**注意:**

(1) "参考工序"选择的是"二维偏移粗加工 3"。

(2) 注意,刀轨的两个参数都设置为 100.0。

10) 二次开粗(二维偏移粗加工 6)。选择"3 轴快速铣削"选项卡中的"二维偏移"命令。特征选择"轮廓 5""轮廓 6"(图 4.4.52)和"轮廓 7"(图 4.4.53),"刀具"选择 D4R0.3,"参考工序"选择"二维偏移粗加工 4"。主要参数设置如图 4.4.54~图 4.4.58 所示,刀路与仿真结果如图 4.4.59 所示。其余参数使用系统默认值。

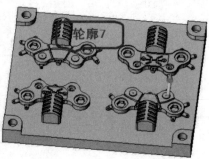

图 4.4.52　轮廓 6

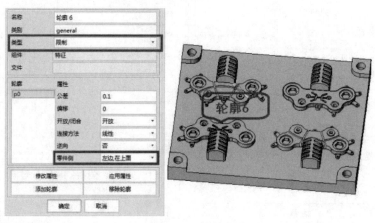

图 4.4.53　轮廓 7

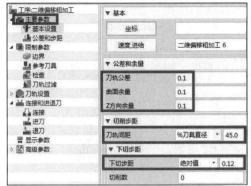

图 4.4.54　主要参数设置

图 4.4.55　主轴速度、进给速度设置

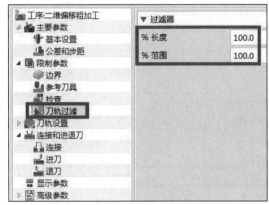

图 4.4.56　刀轨过滤

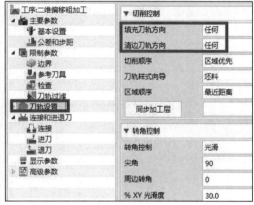

图 4.4.57　刀轨设置

图 4.4.58　连接和进退刀

图 4.4.59　刀路与仿真结果

11) 精铣芯子(角度限制 1)。选择"3 轴快速铣削"选项卡中的"角度限制"命令。特征选择"轮廓 4"(图 4.4.60)和"零件","刀具"选择 D4R0.3，主要参数如图 4.4.61～图 4.4.65 所示，刀路与仿真结果如图 4.4.66 所示。其余参数使用系统默认值。

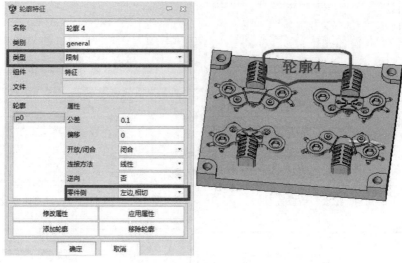

图 4.4.60   选择"轮廓 4"

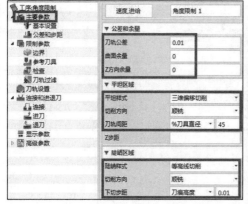

图 4.4.61   主要参数设置

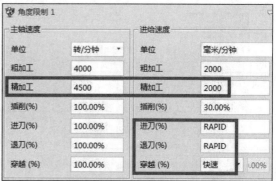

图 4.4.62   主轴速度、进给速度设置

图 4.4.63   限制参数

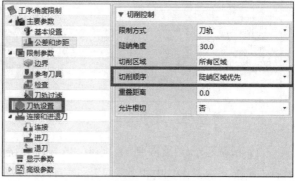

图 4.4.64   刀轨设置

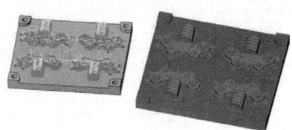

图 4.4.65　连接和进退刀　　　　　图 4.4.66　刀路与仿真结果

☆说明

(1) 芯子的精加工是无法加工到位的，本处选择角度限制和 D4R0.3 的刀具来加工，未去除的余量一般选择电火花加工。

(2) "限制参数"中的"底部"设置为 0.1mm。由于"角度限制"加工时，平坦面加工的步长很小，加工效率太慢，为避免加工至分型面，分型面可以单独用"平坦面加工"或者"三维偏移"加工。

(3) 采用角度限制加工芯子时，平坦曲面和陡峭曲面均要被加工到，所以刀轨设置中的"切削区域"选择"所有区域"，"平坦面"的步长设置不能按水平面来设置，要按"陡峭曲面"的步长设置。

(4) "角度限制"加工中，加工的驱动以零件曲面为主，轮廓为辅，所以要求选择对应加工的曲面为特征才可以计算刀路，我们选择整个"零件"为加工特征，比较安全，不容易过切或者扎刀，但同时增加了计算量。

12) 精铣分型面(平坦面加工 1)。选择"3 轴快速铣削"选项卡中的"平坦面加工"命令。特征选择"轮廓 2"(图 4.4.67)和"零件"，"刀具"选择 D6R0.3，重要参数设置如图 4.4.68～图 4.4.73 所示，刀路与仿真结果如图 4.4.74 所示。其余参数使用系统默认值。

图 4.4.67　选择"轮廓 2"

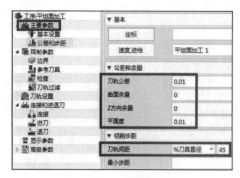
图 4.4.68　主要参数

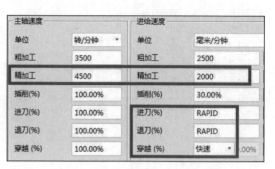
图 4.4.69　主轴速度、进给速度设置

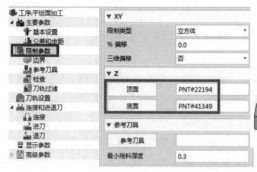
图 4.4.70　限制参数

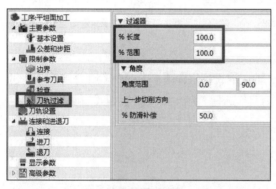
图 4.4.71　刀轨过滤

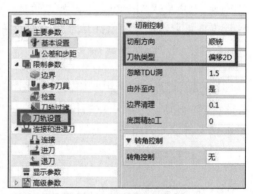
图 4.4.72　刀轨设置

图 4.4.73　连接和进退刀　　　　　　　图 4.4.74　刀路与仿真结果

☆**说明**

(1) "平坦面加工"加工策略只加工水平面,不加工曲面,所以不是平面则没有刀路生成。

(2) "刀轨间距"选择"%刀具直径",设置的值一般情况下要小于50%,保证刀具能够加工至所有区域,本案例设置为"45%"。

(3) "平坦面加工"时,为提高加工质量,应该适当提高主轴速度,降低进给速度的同时选择"顺铣"。

(4) 为避免加工到其他已经精加工过的平坦面,限制参数中的顶面和底面分别设置为0.1mm和0mm(也可以用点表示)。

13) 精铣锁模块顶面(螺旋切削1)。选择"2轴铣削"选项卡中的"螺旋"命令。特征选择"轮廓12"(图4.4.75),刀具选择D12R0.3,参数设置如图4.4.76～图4.4.79所示,刀路与仿真结果如图4.4.80所示。

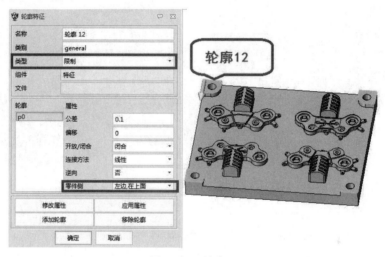

图 4.4.75 轮廓 12

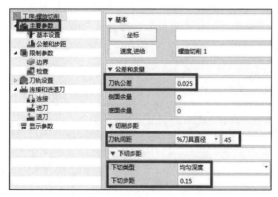

图 4.4.76 主要参数设置

图 4.4.77 主轴速度、进给速度设置

图 4.4.78　限制参数

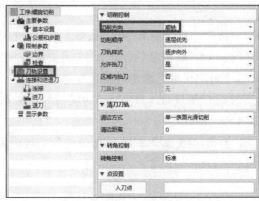

图 4.4.79　刀轨设置

图 4.4.80　刀路与仿真结果

☆说明

(1) "刀具位置"选择"在边界上",保证面能够全部铣到。

(2) "顶部"设置为 15.2mm,保证加工的位置为锁模块上表面。

14) 粗加工筋条(二维偏移粗加工 7)。选择"3 轴快速铣削"选项卡中的"二维偏移粗加工"命令。刀具选择 D2R0.2,"特征"选择"轮廓 6"和"零件",参考工序选择"二维偏移粗加工 6",其余参数设置如图 4.4.81~图 4.4.85 所示,刀路与仿真结果如图 4.4.86 所示。

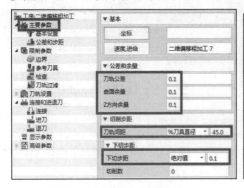

图 4.4.81　主要参数设置

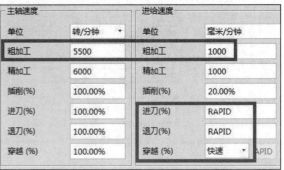

图 4.4.82　主轴速度、进给速度设置

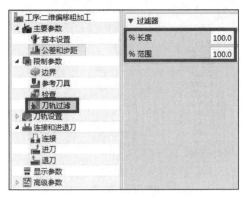

图 4.4.83　刀轨过滤

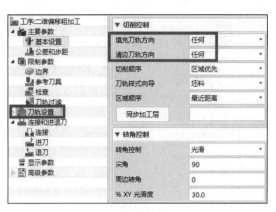

图 4.4.84　刀轨设置

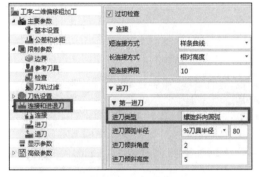

图 4.4.85　连接和进退刀

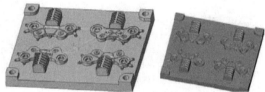

图 4.4.86　刀路与仿真结果

15) 粗加工小孔(二维偏移粗加工 8) 。选择"3 轴快速铣削"选项卡中的"二维偏移粗加工"命令。刀具选择 D2R0.2，特征选择"轮廓 9"(图 4.4.87)和"零件"，参考工序选择"二维偏移粗加工 3"，其余参数如图 4.4.87～图 4.4.90 所示，刀路与仿真结果如图 4.4.91所示。

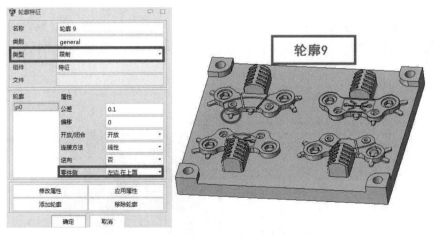

图 4.4.87　选择"轮廓 9"

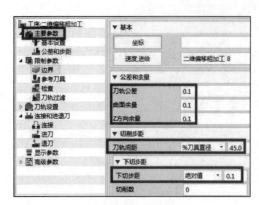

图 4.4.88　主要参数

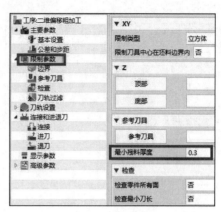

图 4.4.89　限制参数

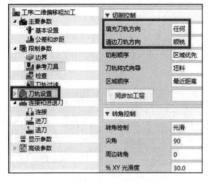

图 4.4.90　刀轨设置

图 4.4.91　刀路与仿真结果

☆注意

(1) "参考工序"选择"二维偏移粗加工 3",主要指加工区域的上一道加工工序。

(2) "刀轨过滤"的设置要特别注意,如果加工区域的直径小于最小切削宽度,则没有加工刀路。

16) 精铣筋条(角度限制 2)。 复制"角度限制 1"程序。刀具选择 D2,特征选择"轮廓 13"(图 4.4.92)及"零件",参数设置如图 4.4.93～图 4.4.97 所示,刀路与仿真结果如图 4.4.98 所示。

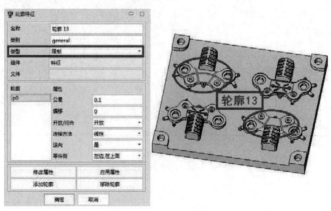

图 4.4.92　选择"轮廓 13"

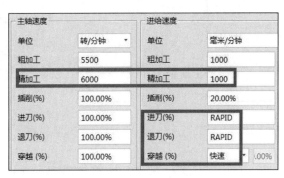

图 4.4.93 主要参数设置

图 4.4.94 主轴速度、进给速度设置

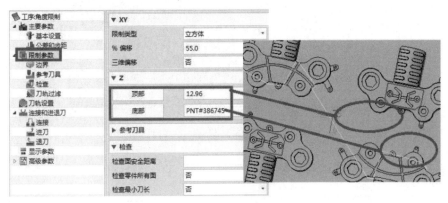

图 4.4.95 限制参数

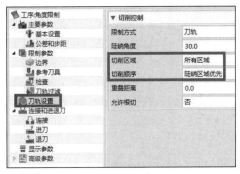

图 4.4.96 刀轨设置

图 4.4.97 连接和进退刀

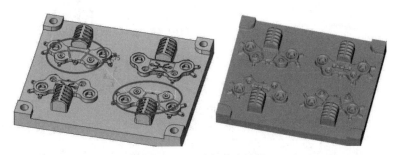

图 4.4.98 刀路与仿真结果

☆说明

"限制参数"中的"顶部"设置为 12.96mm 是为了避免刀具加工到顶面,这也是一种常见的编程技巧。

17) 精加工筋条 2(角度限制 3)。 复制"角度限制 2"程序。刀具选择 D2,特征选择"轮廓 14"(图 4.4.99)及"零件"。参数设置如图 4.4.100～图 4.4.104 所示,刀路与仿真结果如图 4.4.105 所示。

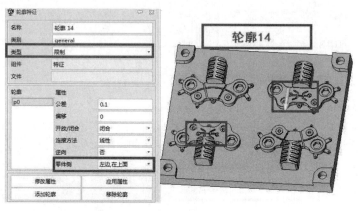

图 4.4.99　轮廓 14

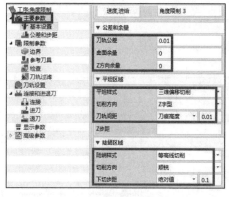

图 4.4.100　主要参数设置

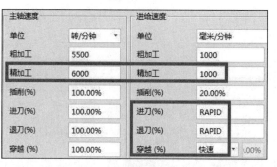

图 4.4.101　主轴速度、进给速度设置

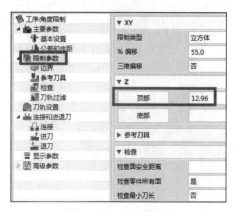

图 4.4.102　限制参数

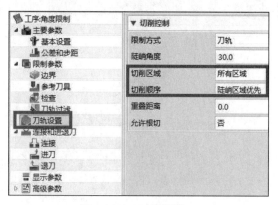

图 4.4.103　刀轨设置

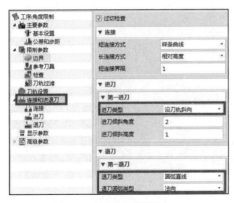

图 4.4.104　连接和进退刀

图 4.4.105　刀路与仿真结果

18) 精加小孔(轮廓切削 1)。选择"2 轴铣削"选项卡的"轮廓"命令。刀具选择 D2，特征选择"轮廓 9"，其余参数设置如图 4.4.106～图 4.4.110 所示，刀轨与仿真结果如图 4.4.111 所示。

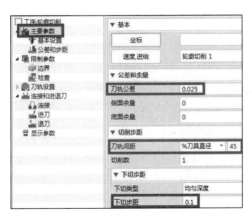

图 4.4.106　主要参数设置

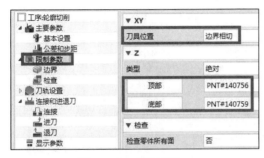

图 4.4.108　限制参数

图 4.4.107　主轴速度、进给速度

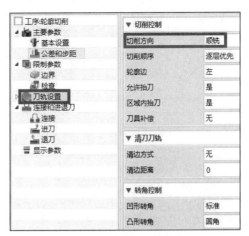

图 4.4.109　刀轨设置

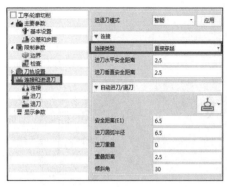
图 4.4.110　连接和进退刀

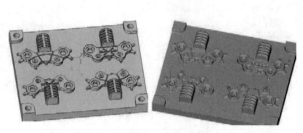
图 4.4.111　刀路与仿真结果

☆**说明**

由于加工的小孔底面一致，但高度不一，所以"限制参数"中的"顶部"和"底部"的点分别选择最高孔的顶点和底面，确保所有孔的侧面均被加工到位，但是这也造成了较低的孔上面有空刀(图 4.4.113)。大家可用"角度限制"策略试试，在"刀轨设置"中的"加工区域"选择"陡峭区域"，可以解决空刀问题。

☆**注意**

将"限制参数"中的"刀具位置"设置为"边界相切"，不然会过切。

19) 精加小孔底面(螺旋切削 2)。 选择"2 轴铣削"选项卡中的"螺旋"命令。刀具选择 D2，特征选择"轮廓 9"，其余参数设置如图 4.4.113～图 4.4.117 所示，刀路与仿真结果如图 4.4.118 所示。

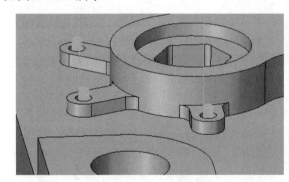
图 4.4.112　孔上有空刀

图 4.4.113　主要参数设置

图 4.4.114　主轴速度、进给速度设置

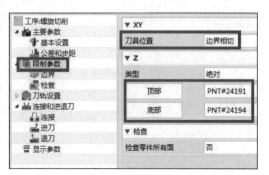
图 4.4.115　限制参数

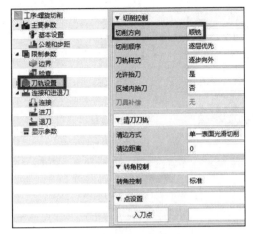

图 4.4.116　刀轨设置

图 4.4.117　连接和进退刀

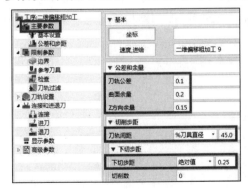

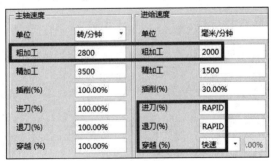

图 4.4.118　刀路与仿真结果

☆注意

"限制参数"中的"刀具位置"设置为"边界相切",不然会过切。

20) 粗加工导柱孔(二维偏移粗加工 9)。 选择"3 轴快速铣削"选项卡中的"二维偏移"命令。刀具选择 D12R0.3,特征选择"轮廓 3",参考工序选择"二维偏移粗加工 3",其余参数设置如图 4.4.119～4.4.123 所示,刀路与仿真结果如图 4.4.124 所示。

图 4.4.119　主要参数设置　　　　　　　　图 4.4.120　主轴速度、进给速度设置

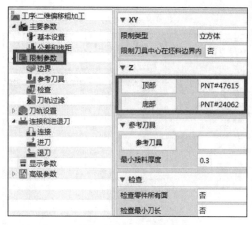

图 4.4.121　限制参数

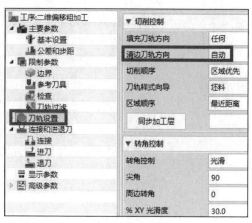

图 4.4.122　刀轨设置

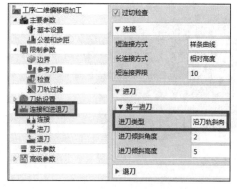

图 4.4.123　连接和进退刀

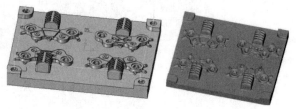

图 4.4.124　刀路与仿真结果

☆说明

"限制参数"中的"顶部"和"底部"分别设置为孔的顶面和底面，这时"参考工序"可以不选。

21) 精加工导柱孔(角度限制 4)。复制"角度限制 3"程序。刀具选择 D12R0.3，特征选择"轮廓 3"及"零件"。参数设置如图 4.4.125～图 4.4.129 所示，刀路与仿真结果如图 4.4.130所示。

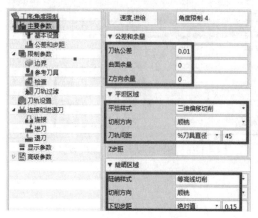

图 4.4.125　主要参数设置

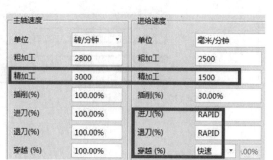

图 4.4.126　主轴速度、进给速度设置

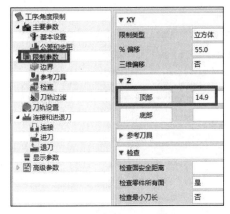

图 4.4.127 限制参数

图 4.4.128 刀轨设置

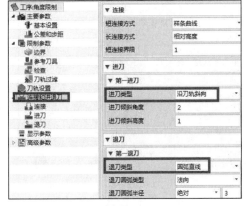

图 4.4.129 连接和进退刀

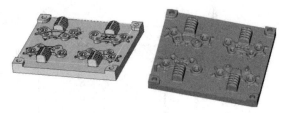

图 4.4.130 刀路与仿真结果

☆说明

(1) "限制参数"中的"顶部"设置为 14.9mm 是为了避免加工到顶部平面。

(2) "刀轨设置"中的"切削顺序"选择"陡峭区域优先"。

22) 精铣锁模块侧面 1(轮廓切削 2)。选择"2 轴铣削"选项卡中的"轮廓"命令。刀具选择 D12R0.3,特征选择"轮廓 10"(图 4.4.131),其余参数设置如图 4.4.132~图 4.4.136 所示,刀路与仿真结果如图 4.4.137 所示。

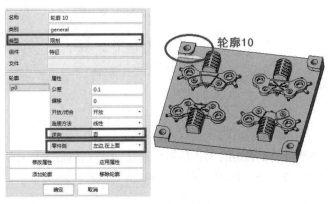

图 4.4.131 选择"轮廓 10"

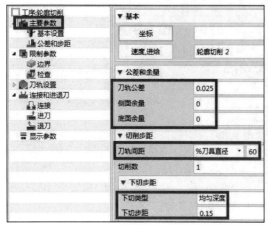

图 4.4.132 主要参数设置

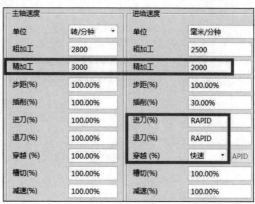

图 4.4.133 主轴速度、进给速度设置

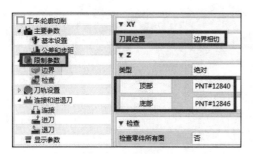

图 4.4.134 限制参数

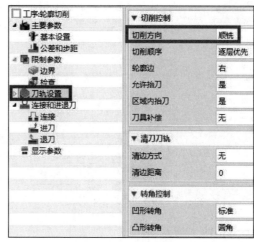

图 4.4.135 刀轨设置

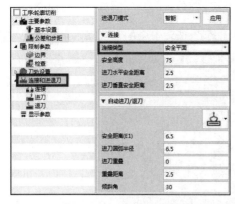

图 4.4.136 连接和进退刀

图 4.4.137 刀路与仿真结果

23) **精铣锁模块侧面 2(轮廓切削 3)。**复制"轮廓切削 2",特征选择"轮廓 11"(图 4.4.138),其余设置均与 23 步骤一致,刀路与仿真结果如图 4.4.139 所示。

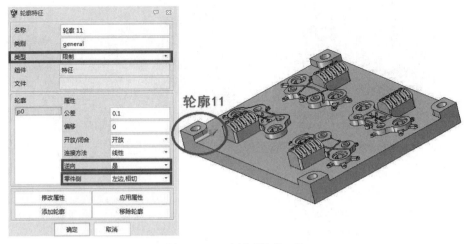

图 4.4.138 选择"轮廓 11"

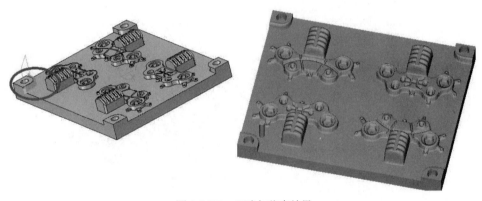

图 4.4.139 刀路与仿真结果

24) 精铣锁模块侧面 3(轮廓切削 4)。复制"轮廓切削 3",特征选择"轮廓 15"(图 4.4.140),其余设置均与步骤 23 一致,刀路与仿真结果如图 4.4.141 所示。

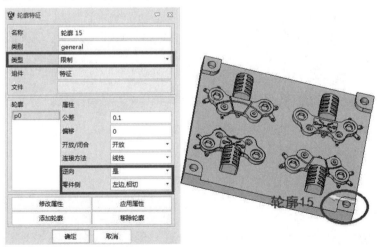

图 4.4.140 选择"轮廓 15"

图 4.4.141　刀路与仿真结果

25) 精铣锁模块侧面 4(轮廓切削 5)。 复制"轮廓切削 4",特征选择"轮廓 16"(图 4.4.142),其余设置均与步骤 23 一致,刀路与仿真结果如图 4.4.143 所示。

图 4.4.142　选择"轮廓 16"

图 4.4.143　刀路与仿真结果

☆说明

(1) 锁模块的侧壁加工采用"等高加工"(图 4.4.144)或"角度限制"比采用"轮廓切削"更简单,四个轮廓可以一起选择,但计算较慢,读者可以试一试。

(2) 采用轮廓铣削,不能一次性选择 4 个轮廓,不然无法判定加工方向,会造成过切,如图 4.4.145 所示。

(3) "轮廓特征"中的"零件侧"要选择"相切","左边"或者"右边"根据轮廓的箭头方向确定；如果不对，将"逆向"改为"是"就行。

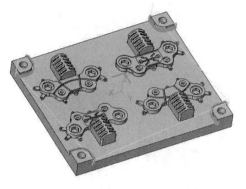
图 4.4.144 采用等高加工刀路

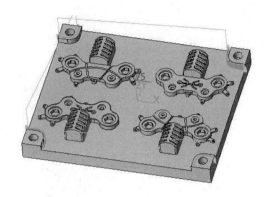
图 4.4.145 四个轮廓一起选择时的刀路

26) 后续的实体仿真、加工设备设置及后置处理可参照前面的案例。

【任务小结】

本任务主要分析一个按摩器变速箱模具的加工工艺。通过中望 3D 软件的 2、3 轴铣削功能，给定加工参数，设置加工刀具，选择加工设备种类，进行后置处理并完成加工。通过对该案例的工艺分析及编程的实施，让学生理解中望 3D 编程软件的加工策略。在案例编程过程中对比了不同编程策略的差异，让学生理解加工策略，懂得根据实际零件的需要合理选择 2、3 轴策略来达到加工目的，并能设置合理的加工参数，能够优化刀路，考虑加工过程中的加工细节，逐步明白数控铣床的加工工艺范围，最终加工出合格的零件。

综合实例练习题

1. 使用中望 3D 软件编制如下图所示的加工程序，材料为 45#，毛坯为板(三维造型可扫封底二维码下载)。

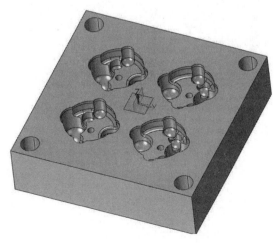

2. 使用中望 3D 软件编制如下图所示的加工程序，材料为 45#，毛坯为板(三维造型可扫封底二维码下载)。

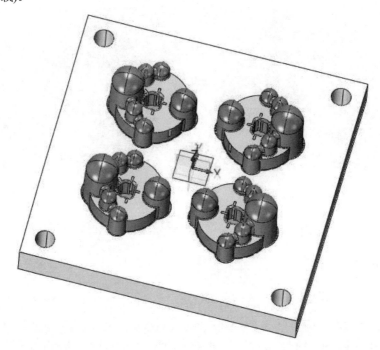

3. 使用中望 3D 软件编制如下图所示的加工程序，材料为 45#，毛坯为板(三维造型可扫封底二维码下载)。

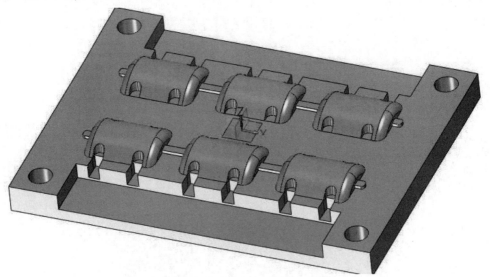

4. 使用中望 3D 软件编制如下图所示的加工程序，材料为 45#，毛坯为板(三维造型可扫封底二维码下载)。

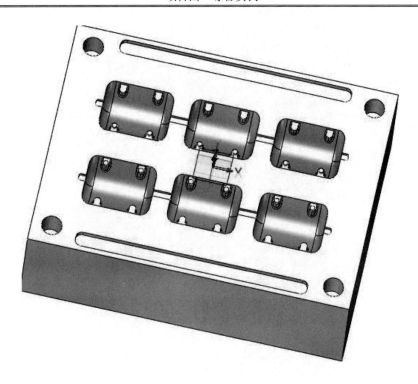